精力管理

管理精力　而非时间

互联网＋时代顺势腾飞的关键

The POWER of FULL ENGAGEMENT

［美］吉姆·洛尔　托尼·施瓦茨

中国青年出版社

图书在版编目（CIP）数据

精力管理：管理精力，而非时间　互联网+时代顺势腾飞的关键 /（美）洛尔，（美）施瓦茨著；高向文译.
—北京：中国青年出版社，2015.7
书名原文：The Power of Full Engagement: managing energy, not time, is the key to high performance and personal renewal
ISBN 978-7-5153-3356-4

Ⅰ.①精… Ⅱ.①洛… ②施… ③高… Ⅲ.①成功心理—通俗读物 Ⅳ.①B848.4-49

中国版本图书馆CIP数据核字（2015）第113695号

精力管理：管理精力，而非时间
互联网+时代顺势腾飞的关键

作　　者：[美] 吉姆·洛尔　托尼·施瓦茨
译　　者：高向文
策划编辑：赵　玉
责任编辑：周　红
美术编辑：李　甦
出　　版：中国青年出版社
发　　行：北京中青文文化传媒有限公司
电　　话：010-65511272/65516873
公司网址：www.cyb.com.cn
购书网址：zqwts.tmall.com
印　　刷：大厂回族自治县益利印刷有限公司
版　　次：2015年8月第1版
印　　次：2025年9月第37次印刷
开　　本：787mm × 1092mm　1/16
字　　数：170千字
印　　张：15
京权图字：01-2025-1848
书　　号：ISBN 978-7-5153-3356-4
定　　价：59.00元

The Power of Full Engagement

CONTENTS

目　录

第一部分　如何做到全情投入

013

精力就是做事情的能力。包括体能、情感、思维、意志四个方面。例如你今天参加了一场长达4小时的会议，虽然会议从头到尾没有一句废话，但是刚到下半场你的注意力就急剧下降，连理解语句都变得非常困难。如果精力运用不恰当，一切事情的效果都会大打折扣。

今天我们要分析一条革命性的理论——管理精力，而非时间，才是高效表现的基础。

第二章　成功人士罗杰遇到的5个障碍 / 033

罗杰42岁，风华正茂，是一家大型软件公司的销售经理，6年中4次升迁，家庭也幸福美满。可现在却有5个基本障碍困扰着他：精力低下，焦躁，消极，人际关系淡薄，还缺乏激情。工作中一封接一封的电子邮件，一个接一个的指标，一件接一件的危机处理让他身心俱疲，专注力也日渐恶化，你是否也有相同的困惑？

体能不足是罪魁祸首 / 036

情感账户告急 / 038

徒劳地强打精神 / 040

到底什么最重要 / 041

第三章　高效表现有节奏——劳逸结合的平衡 / 043

罗杰在不自知的情况下，生活已极其单线化。长时间工作，极少休息，即便在家里他也不停消耗自己的思想精力，从来不给自己恢复的时间。疲倦带来焦虑、易怒和自我怀疑。

事实上，人需要顺应消耗与恢复的节奏，运动与休息的交替进行可以最大限度提高表现。“张弛有度”是全情投入、维持机能和保持健康的关键。

遵循生命的节奏 / 047

利用碎片时间见缝插针地休息 / 049

工作中如何休息 / 051

团队如何休息 / 052

第二部分　精力的四个来源

罗杰虽然也意识到如果睡眠充足、定期锻炼，身体可能会舒适些，但他表示就是没有时间睡眠和锻炼。

吃得好、睡得好又积极锻炼显然有很多益处，包括减重、获得漂亮的外形和健康，更能带来积极情绪。体能不仅是敏锐度和生命力的核心，还影响着我们管理情绪、保持专注、创新思考甚至投入工作的能力。

有一天罗杰觉得特别焦虑，与同事沟通时气势汹汹。从精力角度来看，负面情感代价昂贵且效率低下。对于领导者和管理层来说，由于负面情感极易传染，如果我们激起了他人的恐惧、愤怒和戒备心，也等同于损害了他们的工作能力。

相对而言，正面情感可以更有效地支配个人表现，所有能带来享受、满足和安全感的活动都能够激发正面情感。从更实际的角度看，快乐本身便是奖赏，也是维持最佳表现的重要因素。

20世纪80年代末有一天，中量级拳击冠军曼奇尼打来电话说："今天我在赛场上产生了一个消极想法，你不明白，对我来说一个消极想法就足够被一拳打倒了。面对每天接踵而至的挑战，消极思维会不可避免带来损害。"

为了发挥出最好的水平，我们必须保持专注，在整体方向和局部目标之间灵活游走。我们还需要调用现实的乐观主义，一方面看清事物的本质，另一方面还能朝着目标成果积极努力。

尼采有句名言："知晓生命的意义，方能忍耐一切。"

任何能够点燃人类精神的事物都有助于全情投入、促进最佳表现。意志精力的关键动力在于性格品质——一个人如果有自己的人生目标、勇气和信念，即使面对艰难困苦和个人牺牲也会在所不惜。意志精力由激情、奉献、正直与诚实支撑。

第三部分 精力管理训练系统

《星球大战》三部曲里，天行者卢克打倒了自己最深的恐惧，战胜了黑武士和邪恶帝国，救出了莉亚公主。

只有树立目标，真正深刻地关心自己所做的事情，认为自己所为真正有意义，人们才有可能做到全情投入。使命感是我们的火种，我们的动力，也是我们的精神食粮。

我们常常在周围的人身上看到愤怒、憎恨、傲慢或贪婪，却很少承认这些情绪也存在于我们的内心。

古代希腊人在帕纳萨斯山一侧刻下两句警世名言，其中一句“认识你自己”最广为流传，另一句可以简单翻译为“认识你全部的自己”。我们只有满怀震惊地看到真实的自己，而不是看到我们希望或想象中的自己，才算迈向个人生活现实的第一步。

所有表现卓越的人都依靠积极的仪式习惯管理精力和规范行为。如果你一直久坐不动，打算开始锻炼身体，你可以最开始每周3次、每次步行15分钟，然后逐周增加步行时间或加快步伐。

在本书的“实用资料”部分，你会找到“个人精力管理计划”，它会带着你一步一步走完全程，包括确定重要价值观、构建预想，针对你的首要表现障碍建立习惯，为自己的行为承担责任。

在我们认识罗杰12个月后，他的事业迅速重新走上了正轨。他在日程里加入了一项重大改变。经老板批准，他可以每周有一天在家上班。在家那天，他会接送两个女儿上学、放学，承诺下午5点结束工作。与女儿们更紧密的沟通让他感到满足，这天的工作效率也非常高。

他最终树立了自己的价值观，构建了目标蓝图，并且受益匪浅。面对困难抉择时，它们既是动力的源泉又是可靠的试金石。

实 用 资 料

Part 1

第一部分

如何做到全情投入

THE DYNAMICS OF FULL ENGAGEMENT

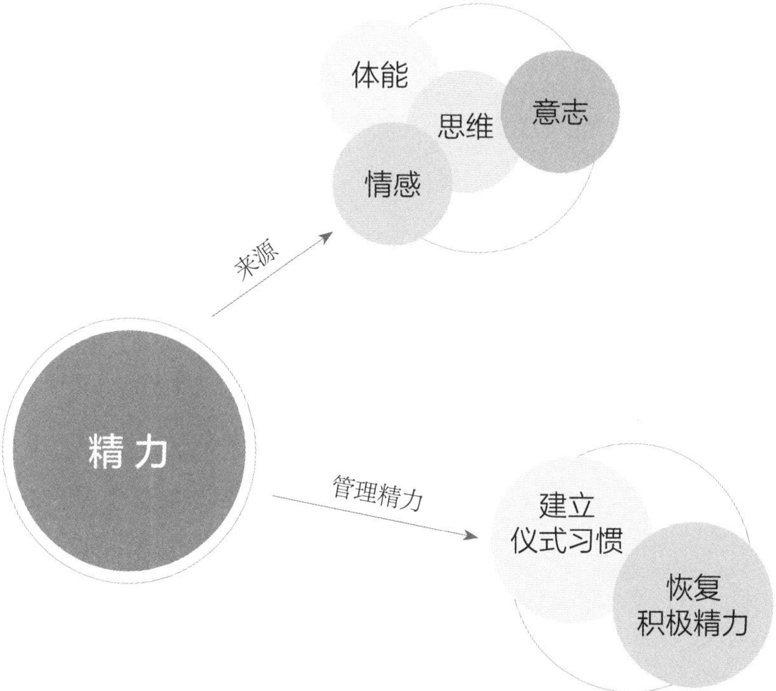

Chapter 1

FULLY ENGAGED: ENERGY, NOT TIME, IS OUR MOST PRECIOUS RESOURCE

第一章

什么是精力及如何管理精力

精力就是做事情的能力。包括体能、情感、思维、意志四个方面。例如你今天参加了一场长达4小时的会议，虽然会议从头到尾没有一句废话，但是刚到下半场你的注意力就急剧下降，连理解语句都变得非常困难。如果精力运用不恰当，一切事情的效果都会大打折扣。

今天我们要分析一条革命性的理论——管理精力，而非时间，才是高效表现的基础。

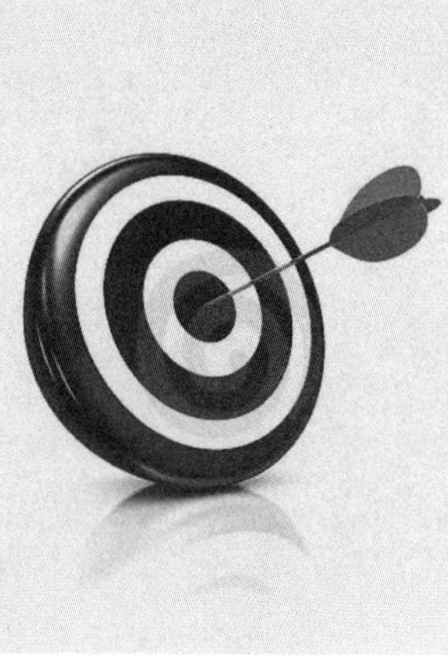

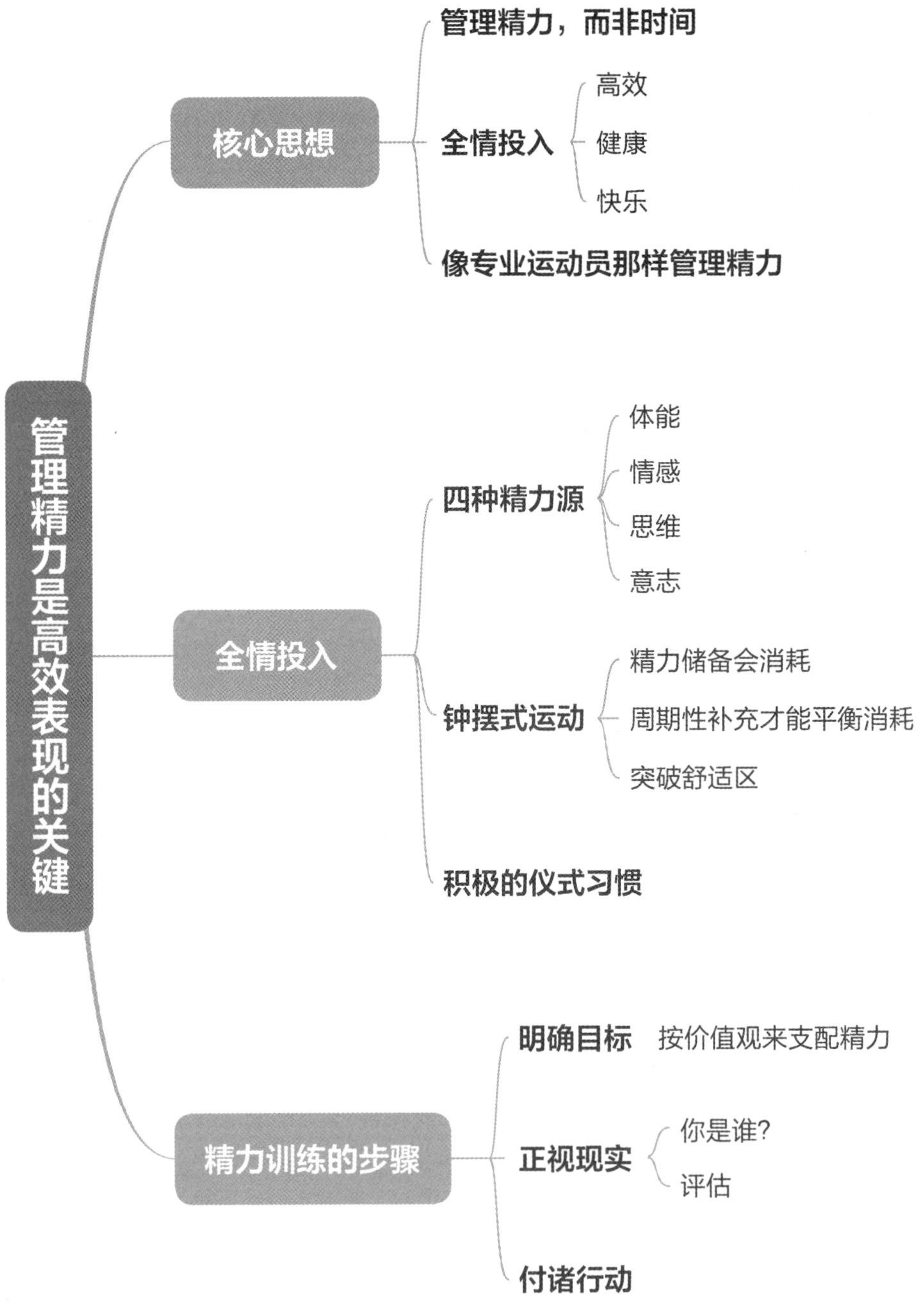
管理精力是高效表现的关键
核心思想
管理精力，而非时间
全情投入
高效
健康
快乐
像专业运动员那样管理精力
全情投入
四种精力源
体能
情感
思维
意志
钟摆式运动
精力储备会消耗
周期性补充才能平衡消耗
突破舒适区
积极的仪式习惯
精力训练的步骤
明确目标
按价值观来支配精力
正视现实
你是谁?
评估
付诸行动

我们生活在数字时代，节奏如电光火石般迅猛，似乎永不间断，时间被打碎成了比特和字节。我们对广度的热爱超过了对深度的关注，注重反应速度却不愿深入思考。我们流连于事物的表象，满足浅尝辄止的片刻欢愉，却几乎从不久留。我们在人生的道路上争先恐后，却吝于用片刻思考目标或方向。我们事务缠身，却又总是筋疲力尽。

大多数人仅仅希望竭尽所能，而当生活的要求超出能力所及，我们会着眼现状提出权宜之计，或许在短期内会运作良好，而负面效应却往往在长期过程中慢慢浮现。我们吝惜睡眠，用外卖填饱肚子，用咖啡提神，用酒精和安眠药放松身心。面对工作的无尽索取，我们变得暴躁易怒，注意力也难以集中。结束漫长的一天，我们拖着疲惫的身体回到家里，又常常发觉家庭也不再是欢乐和力量的源泉，只是为超负荷运转的生活又增添一项负担。

我们随身带着日程表和待办事项清单，揣着掌上电脑和黑莓手机，即时通讯和提醒窗口布满电脑屏幕。这些都是原本旨在帮助人类更好管理时间的伟大发明。我们为一心多用的能力自豪，将长时间伏案工作视作荣誉徽章。“全天候”可以描述这个连轴转的世界。“痴迷”“疯狂”“崩溃”不再是心理学术语，如今已变成了日常生活的标签词。时间永远不够用，我们的唯一办法只有在每一天里最大程度地生挤硬塞。然而新的问题出现了，再高效的时间管理也无法确保我们有足够的精力处理每一件事。

请思考以下场景：

- 你参加了一场长达4小时的会议，从头到尾没有一句废话——但是刚到下半场你的精力就急剧下降，连集中注意力都变得极其困难。
- 你精心规划了一天的12小时，但是到了中午你的精力就走向了负面，毫无耐心，焦躁易怒。
- 晚上你专门为孩子腾出时间，却仍旧被工作的思绪烦扰，不能专心陪孩子。
- 日历和掌上电脑都提醒你今天是爱人的生日，傍晚来临时你却因为疲倦失去了庆祝的心力。

精力，而非时间，
是高效表现的基础

这条理论革命性地刷新了我们对高效表现来源的认知，也极大地转变了我们的客户管理工作和生活的方式。每件事情——不管是与同事的互动、做出重要的决定，还是陪伴家人，都需要精力。精力的重要性看似显而易见，却经常被人们在工作和个人生活中忽略。如果精力的多少、质量、集中程度和力度不恰当，我们所做的一切事情效果都会大打折扣。

我们所有的想法、情感和行为都对精力有积极或消极的影响。生命的终极质量并非由寿命衡量，而是由我们如何在拥有的时间里投资精力决定。本书的基础概念简明易懂，我们每年为数千位客户制定的基本培训理念同样如此：

有技巧的精力管理
是高效表现、健康和幸福的基础

人们不可避免会遇到差劲的老板，糟糕的工作环境，困难的恋爱关系，以及现实生活中的种种危机。尽管如此，我们依旧可以比现在更好地掌控精力。一天只有固定的24小时，但精力的储备与质量却没有定数。精力是我们最宝贵的资源。我们越是本着负责的态度对待它，越能变得多产而高效。反之，越是怨天尤人，我们的精力会变得越是消极、质量低下。

如果明天早晨你醒来的时候，带着对工作和家人的积极、专注的精力，你的状态会有多大程度改善？如果你是领导或经理，积极的精力和激情将会给公司环境精力带来多大的价值？如果员工们拥有更多的积极精力，同事关系、客户服务质量又会有多大的提升？

领导是组织精力的统筹人，在公司、机构及家庭中均是如此。要想树立威信，首先要依靠个人精力管理，然后才是调动、集中、投入和发展团队集体的精力。依靠对个人和团体的有效精力管理，我们才能实现全情投入。

全情投入需要身体活跃、情感联动、思维集中，并且达到超出个人短期利益的意志高度。它意味着你在早晨对工作充满期待，晚上高高兴兴地回家，能够在工作和私人生活之间画上清晰的界线。它意味着全心投入手头的事务，不管是应对工作挑战、管理团队、陪伴爱人，还是娱乐消遣。

全情投入会从根本上颠覆我们的生活方式。

根据盖洛普公司2001年初的调查数据显示，只有不到30%的美国劳动者在工作时能够“全情投入”，约55%的人“心不在焉”，还有19%的人“行为消极”，即不仅对工作不满，还经常向同事吐槽。消极的劳动力可能导致数万亿美元的损失，更糟的是，员工在企业的时间越久，对于工作的投入就越低。盖洛普公司另一份调查发现，入职六个月后，仅有38%的人还能全情投入，而入职3年后，这一数字降至22%。想想自己的工作状态吧，你在工作中能够投入多少？你的同事如何？下属又如何？

在过去十年中，客户对精力的误用和挥霍总能一再刷新我们的认知——不良的饮食习惯，无效的恢复和重振精力方式，注意力不集中等。我们希望在本书中传达的经验已经过多次证明，在个人与团体方面均行之有效。只要遵循书中精力管理原则和方法，你会发现，自己生活、工作、处事和情感等各方面的表现会更好。我们数以万计的客户都曾亲身经历过，一旦不能全情投入，会立刻损害个人表现，并对他人带来不良影响。学习如何高效、明智地管理精力，会为个人和组织带来革命性的改变。

[**全情投入的力量**]

旧观念	新观念
管理时间	管理精力
避免压力	追求压力
生活是一场马拉松	生活是一系列短跑冲刺
放松是在浪费时间	放松是有效产出的时间
回报驱动表现	目标驱动表现
依靠自律	依靠习惯
积极思考的力量	全情投入的力量

精力管理的四个基本原则

我们对精力重要性的认知始于对专业体育的案例研究。30年来，我们公司与世界顶级运动员合作，精确剖析是什么让运动员在高强度竞争压力下保持高水准的表现。前期我们的主要合作伙伴是网球运动员，超过80位世界顶尖选手都曾参与我们的研究，这当中包括桑普拉斯、考瑞尔、桑吉丝、古利克森兄弟、布鲁格拉、萨巴蒂尼和塞莱斯等。

这些运动员常常在陷入困境时寻求我们的帮助，经过我们的调整，他们的情况通常会有显著好转。与我们合作之后，桑吉丝首次获得美国公开赛冠军，单打、双打世界排名均升至首位；萨巴蒂尼获得首次也是唯一一次美国公开赛冠军；布鲁格拉的世界排名从79位升至前十，并赢得两次法国公开赛冠军。我们陆续培训了一批专业运动员，包括高尔夫选手欧米拉和埃尔斯，曲棍球选手林德罗斯和里克特，拳王曼奇尼，篮球明星安德森和希尔。速滑明星詹森经过我们两年密集培训，摘取了职业生涯中唯一一块奥运会金牌。

我们与运动员合作成功的秘诀并非在于技巧或战略。人们通常认为，才华横溢的人面对挑战时只要配备足够技能，就能够发挥出最好的水平。从我们的经验来看，却并非如此。精力才是完全点燃才华和技能的正解。我们从不探究塞莱斯如何发球，欧米拉如何开球，希尔如何罚球，这些运动员在此之前已经具备了超人的才华，并已有所成就。相反，我们致力于帮助他们更有效地管理精力，以应对眼前的各类挑战。

运动员是个要求严苛的群体。他们并不满足于激励口号或是有关表现的炫目理论，他们需要的是可以量化的、持久的解决方案；他们关心击球率、罚中数、联赛胜利和年终排名；他们想在最后一局第十八洞前一杆入洞，在千钧一发之际罚球命中，在哨声响起前1分钟突破重围接到队友的传球。除了这些，其他都是空话。如果不能为运动员带来预期效果，我们在他们的生活中存在的时间也不会长久，我们学会了为这些数字负责。

我们在体育界的成就有口皆碑，也接到无数请求，希望把培训模式引入其他需要高效表现的领域。于是我们开始与联邦调查局人质解救小组、法警、医院重症监护工作者合作。时至今日，我们的合作主体已广泛扩展到高层管理者、创业者、经理人和销售员，最近还增加了教师、牧师、律师和医学院学生。我们的企业客户名单包含《财富》世界500强公司，比如雅诗兰黛、所罗门美邦、辉瑞制药、美林证券、百时美施贵宝和凯悦酒店集团等。

在发展的过程中，我们意外发现：运动员的精力需求跟普通人日常生活的精力需求相比简直相形见绌。

这怎么可能?

这一结论看似反常，其实大有深意。专业运动员通常90%的时间都在训练，为了在剩余10%时间里取得成果。他们的生活围绕着增强、保持和恢复精力的主题，为短期的高强度竞技做准备。以实用为出发点，他们精确规划的日常作息也为各方面的精力管理设定了严格的程序——吃饭睡觉，训练休息，情绪控制，心理准备，保持专注，定期自查目标完成情况，等等。然而，大多数普通人从未接受过类似的系统训练，每天仍需要做到8～12小时的最佳表现。

大多数专业运动员每年得以享受4～5个月的淡季休假。经过数月的高压力、高强度的竞技比赛，淡季休假是运动员休整、疗伤和成长的重要时期。相反，普通人的“淡季休假”加起来也不过一年几周的假期。即使在休假期间，你也不见得完全在休息和恢复，因为总需要抽出时间回复邮件、查收语音信息，思考下一步的工作。

最后，专业运动员的平均职业生涯为5～7年不等。如果财务管理妥当，基本可以保证一生衣食无忧，只有极少数人会顶着压力外出奔波再找一份工作。相比之下，你可能要面对40～50年日复一日的工作生活。

在这样冰冷而残酷的现实下，我们如何才能保持最佳表现，同时又不损害健康、幸福和对生活的热情呢?

你一定要全情投入

优秀表现的难度在于，它需要从各个方面更有效地管理精力，达到最终目标。这个过程由四条关键的精力管理法则驱动，它们是整个转变过程的核心，对于建立高产出的、全情投入的能力具有至关重要的作用。

原则一

全情投入需要调动四种独立且相关联的精力源：

体能，情感，思维和意志

人类是一个复杂而庞大的精力系统，全情投入也并非只有一种维度。流过我们身体的精力同时需要体能、情感、思维以及意志上的动力，每一种动力都很重要，而每一种都无法构成完整的精力，同时又对其他三种有着深刻影响。为了发挥出最佳表现，我们必须有技巧地管理这些互联互通的精力维度。若从中抽掉任何一面，就不能完全调动我们的才华和技能，好似发动机的一个气缸熄火就会噼啪作响。

精力贯穿于生活的各个方面。体能精力有高有低，情感精力有正有负。这是我们最基本的精力源，若没有优质的燃料，任何事情都做不好。下图描述了体能由低到高、情绪从负面到正面的变化。精力越是消极、情绪越低落，表现就越糟糕；反之，精力越积极、情绪越高涨，表现也会越高效。全情投入和最佳表现只可能存在于“高-正面”的象限。

精力象限

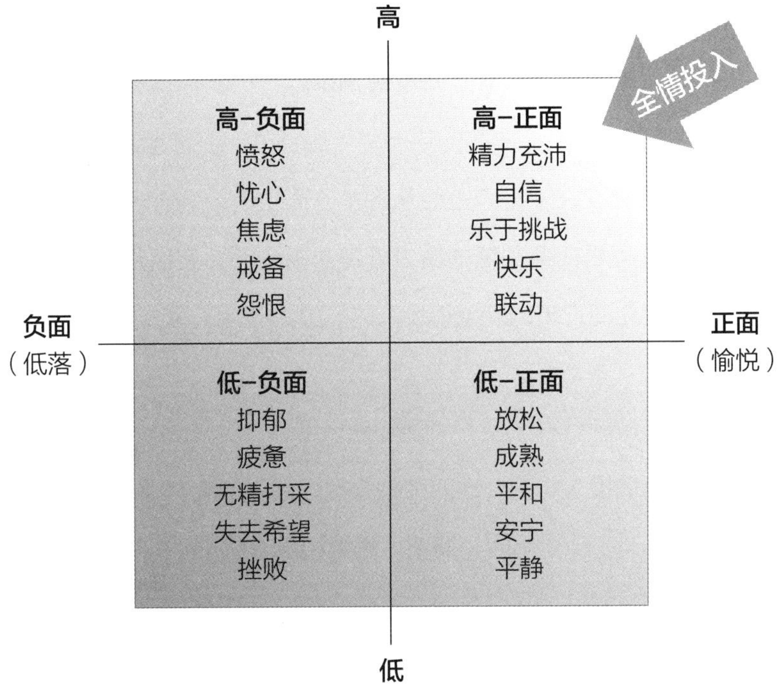

心不在焉会导致严重后果时，全情投入的重要性不言自明。想象你是一位正要接受心脏手术的病人，你希望你的手术医师属于哪个精力象限？如果他踏进手术室时愤怒、沮丧、焦虑（高-负面），你会怎么想？如果他带着过度工作的筋疲力尽和抑郁的情绪（低-负面）呢？如果他心不在焉、懒懒散散，甚至有点迷糊（低-正面）呢？毫无疑问，你一定会希望你的医师充满活力、自信满满又积极向上（高-正面）。

想想每一次你因为沮丧而向别人大喊大叫，或是工作粗枝大叶，或是对手头工作精神不集中，别人的生命可能就处于危险当中。通过管理精力，你很快就会从低落、鲁莽和草率中走出来。我们有责任管理时间和金钱，也同样有责任管理体能、情感、思维和意志的精力。

原则二

因为使用过度和使用不足都会削弱精力，

必须不时更新精力以平衡消耗

人们极少考虑我们消耗了多少精力储备，总是想当然地认为它能够随用随取。事实上，不断增长的需求逐步耗尽了我们的精力储备——尤其由于我们不对随着年龄增长出现的能力减退做任何补救。通过全方位的训练，我们可以极大地减缓身体和思维的衰退，并切实地深化情感和精神的能力，直至生命的尽头。

相反，如果我们按照高度单线化的方式生活，即消耗的精力超过恢复的总量，或是恢复的精力超过消耗的总量，我们最终会崩溃、衰退、萎缩、失去热情、生病，甚至英年早逝。不幸的是，恢复往往被看作虚弱的表现而非可持续机能不可或缺的一部分，导致我们对精力储备的更新和扩充不甚在意，个人和团体层面均是如此。

要想保持生命的跃动，

我们必须学习如何有节奏地

消耗和更新精力

［**身心合一**］

体力的首要特征由力量、耐力、灵活性和恢复力组成。这些也同样是情感、思维和意志的特点。例如，身体层面的灵活性指的是肌肉可以适应大幅度的运动。拉伸运动可以增强身体的灵活性。

这些概念在情感层面同样适用。情感的灵活性指可以在多种情绪层面中自如恰当地转换，而非僵硬或防备地回应外界。情感的恢复力是指从失望和沮丧中恢复的能力。

思维的耐力可以衡量保持专注的能力，而思维的灵活性表现在人们可以在理智和直觉间切换，并接受多重角度的观点。

意志的力量反映在一个人最深层面的价值坚守里，无论环境如何变化，甚至当坚守价值观会导致个人牺牲。精神的灵活性则表现在对不同价值观和信仰的包容，只要它们与人无害即可。

简而言之，全情投入需要调动各个层面的力量、耐力、灵活性和恢复力才能达到。

最丰富、最快乐和最高产的生命的共通之处，是全情应对眼前的挑战，同时能够间断地放松，留给精力再生的空间。现实生活中，许多人都将生命当作一场永无止境的马拉松，逼迫自己超过健康消耗的范畴。当我们不断消耗精力，却没有得到足够的恢复，情感和思维的跃动会变成一条没有变化的直线；当我们没有消耗足够的精力，体能和意志的跃动也会变成一条沉闷的直线。在这两种情况下，我们都会不可避免地衰弱下去。

回想一下长跑运动员的面色表情：紧绷，蜡黄，略显阴沉，波澜不惊。再想一下短跑运动员的表情，比如琼斯和约翰逊。他们总是浑身充满力量，似乎激情马上就要喷薄而出，迫切地想要突破自己的极限。原因很简单，不管面对挑战是如何紧张激烈，终点线就在100米或200米开外，清晰可见。因此，我们也必须学会将自己的生活看作一系列短跑冲刺，在某些时间段全情投入，在另外一些时间段闲云野鹤般更新精力储备，以应对下一个挑战。

原则三

为了提高能力，我们必须突破自己的惯常极限，

模仿运动员进行系统训练。

压力并非是我们生活中的敌人，相反，它是我们成长的关键。为了增强肌肉的力量，我们会有针对性地向它施加压力，使它爆发出超常水平的精力，造成肌肉纤维的微小撕裂，运动结束后几乎丧失运作能力。但只需24～48小时的休整，它会变得更强壮，能够更好地应对下一次刺激。这种方式目前广泛应用在体力训练中，亦可用来锻炼生活各个层面的“肌肉”——从共情和耐心，到专注力和创造力，还有正直和守信。身体的训练系统同样可以应用在生活的方方面面。它不仅简化了我们跨越阻碍的方式，还带来了革命性的理念。

我们锻炼情感、思维和意志能力，

采用的是与锻炼体能相同的方法

通过突破极限和休整恢复，我们可以在各个方面获得成长。肌肉在正常范围内使用并不会增加力量，还会随着年龄增长逐渐衰退。肌肉锻炼的最大障碍是，大多数人在刚刚体验到超出极限的不适时就退缩了。为了满足生活对我们的索求，我们必须学会在能力不足时系统地训练、增强肌肉力量。任何会导致不适的压力都可能帮助我们提升能力——在体能、思维、情感和意志上都是如此——只要事后得到有效的恢复。就像尼采说过的："打不倒我们的，会让我们变得更强大。"对"公司运动员"的要求比对专业运动员的更高，时间也更长，因此他们更有必要学会系统地训练自己。

原则四

积极的精力仪式习惯，即细致具体的精力管理方法，

是全情投入、保持高效表现的诀窍。

变革是艰难的。我们都是习惯的产物，大多数行为都是非自觉和潜意识的，每天重复前一天的行为。变革的难点在于，有意做出的改变常常无法坚持下去。我们的意愿和自律性远比我们想象的薄弱。如果某件事你每次做之前都需要思考，你很可能不会长久坚持这件事。维持现状对我们有莫大的吸引力。

逐渐成为自然的积极仪式习惯，

扎根于我们的深层价值观。

"仪式习惯"指的是定义明确、具有高度计划性的行为。毅力和自律将人们推向某种特定的行为方式，而仪式习惯自动会把人们拉向某条轨道。比如刷牙，你并不需要每天提醒自己去做，它已经变成因健康观念而自发产生的行为。人们在刷牙时通常切换到自动的模式，不需刻意的努力和主动意识。仪式习惯的优势在于，确保我们在非必要情况下尽量减少意识精力的消耗，让它可以节省下来用在其他需要的方面。

回顾生活中那些积极而高效的时刻，你会发现背后少不了某些特定习惯的帮助。如果你饮食规律，很可能是采购食品的习惯和点餐的规律所致。如果你身体健康，很可能是因为每周都拿出固定的时间运动和锻炼。如果你在销售领域业绩斐然，很可能已经习惯为拨打营销电话做心理建设，在谈话时即便遭到拒绝也能保持积极的心态。如果你的管理方式很有效，可能因为你的评价让他人感觉到充满挑战而不是受到威胁。如果你跟伴侣和孩子关系很亲密，说明你习惯经常抽出时间陪伴他们。如果你面对严苛的要求也能继续保持积极的精力，说明你一定有可以让自己从压力中恢复的特定方法。我们发现，为了确保全情投入，建立良好的仪式习惯是精力管理的最有效方式。

管理精力的三个步骤

说起来容易做起来难，尤其是在生活的压力不断增大，能力却随年龄衰退时，我们应如何产生并保持全情投入所需的多重精力？

我们发现，是三个步骤——目标-事实-行动，保证了变革的持久性，三者缺一不可。

变革过程的第一步是明确目标。面对自己的固有习惯，以及维持现状的天性，我们需要受到启发，做出改变。我们的第一个挑战是，“如何依照我们最深层次的价值取向分配精力？”如今，人们像星际旅行一样超速前进，结果既不愿花时间思考自己最看重什么，也不愿把这些事情放在首要和中心的位置。多数人花费太多时间处理眼下的危机，应付他人的期望，而不是思路清醒地思考什么最重要，并以此为指导做出谨慎的选择。

在明确目标的阶段，我们的任务是要帮助客户梳理人生中最重要的事情，并引导他们在人生和工作方面构建切合实际的愿景。这两方面结合起来，既为变革提供高纯度的精力动力，也能如罗盘一般，指引人们安然度过生活的无常变幻和波谲云诡。

制定变革的计划离不开对个人现状的清醒认知。变革的第二阶段就是面对现实。我们首先向客户提问："当前你的精力管理情况如何？"逃避沉重而不愉快的真相是人的天性。我们常常低估自己的精力管理方式所带来的后果，但又不能坦然地自食苦果。今天喝了多少酒，拿出多少精力面对老板、同事、伴侣和孩子，工作时是否专注又热情。人们在面对自我时往往会戴上"玫瑰色滤镜"，把自己塑造成受害者，或者全然否认所做抉择对精力的储备、质量、力量和专注力所造成的深刻影响。

面对现实从可靠的数据收集开始。当客户寻求帮助，我们会带他们进行多项体能测试，细致分析他们的饮食，并提供一份详尽的问卷，尽可能准确地评价他们管理体能、情感、思维和意志精力的方式。同时，我们会请他们最亲近的5个人填写一份相似的问卷。这些数据让我们得以直观地衡量他们当下的能力，找出阻碍他们全情投入的罪魁祸首。

变革的第三步是行动，用实际行动缩小"现实的我"与"理想的我"、"目前的精力管理方式"与"为达成目标所需要的精力管理方式"之间的差距。在此过程中需要建立以良好精力仪式习惯为基础的个人发展计划。某些仪式习惯有所裨益，某些则纯属为了应急，这是人们的常态。"应急"的习惯或许能在短期内帮我们解决生活的难题，长期来看却会极大损害我们的能效、健康和幸福。例如，靠垃圾食品瞬间提升精力，通过抽烟喝酒缓解焦虑，为了追赶进度盲目地一心多用，放弃更有挑战性的长期目标转而投入看似容易的紧急事件，对私人生活不管不顾等。这些习惯的恶果只会随着时间慢慢显现。

幸运的是，虽然不良习惯会损害生活质量，良好的习惯仍然能帮助人们提升自我，焕发出新的面貌。创造并维持全方位的精力充沛是可行的，我们并非只能被动等待精力随着时间衰退下去。养成精力仪式习惯需要在具体时间发起明确的行动，由深层价值观驱动。正如亚里士多德所说，“我们每一个人都是由自己一再重复的行为所铸造的。”

我们的客户罗杰先生的案例生动说明，看似不经意的选择是如何蚕食精力，影响表现，最后损害生活的全情投入。在接下来的章节里，我们设计了一套模型和系统训练，帮助人们更好地分配、管理、集中和更新自我及他人的精力。这套系统训练为罗杰带来了极大改观，还帮助数以千计的人们重燃了生活的热情。我们希望它也能为你的生活带来同样的改变。

你要记住这些要点

- 管理精力，而非时间，才是高效表现的基础。高效表现源于有技巧的精力管理。
- 领导者正是团体精力的统筹人。他们首先要具备个人精力管理技巧，然后才能调动、集中、投入和维持团队的集体精力。
- 全情投入是确保最优表现的最佳精力状态。
- 原则一：全情投入需要调动四种独立且相互关联的精力源：体能，情感，思维和意志。
- 原则二：因为使用过度和使用不足都会削弱精力，必须不时更新精力以平衡消耗。
- 原则三：为了提高能力，我们必须突破自己的惯常极限，模仿运动员进行系统训练。
- 原则四：积极的精力仪式习惯，即细致具体的精力管理方法，是全情投入、保持高效表现的诀窍。
- 确保改变持久需要完成三个步骤：明确目标，正视现实，付诸行动。

Chapter 2

THE DISENGAGED LIFE OF ROGER

第二章

成功人士罗杰遇到的5个障碍

罗杰42岁，风华正茂，是一家大型软件公司的销售经理，6年中4次升迁，家庭也幸福美满。可现在却有5个基本障碍困扰着他：精力低下，焦躁，消极，人际关系淡薄，还缺乏激情。工作中一封接一封的电子邮件，一个接一个的指标，一件接一件的危机处理让他身心俱疲，专注力也日渐恶化，你是否也有相同的困惑?

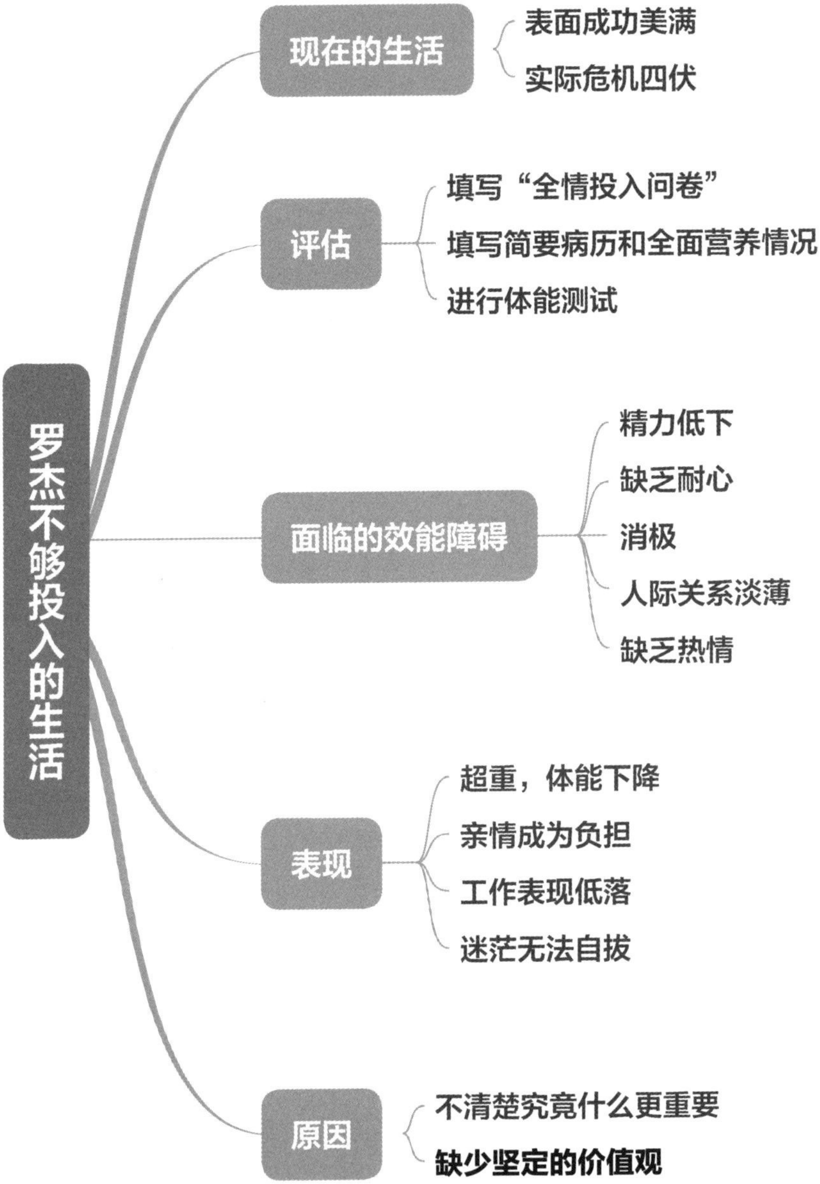
罗杰不够投入的生活
现在的生活
表面成功美满
实际危机四伏
评估
填写“全情投入问卷”
填写简要病历和全面营养情况
进行体能测试
面临的效能障碍
精力低下
缺乏耐心
消极
人际关系淡薄
缺乏热情
表现
超重，体能下降
亲情成为负担
工作表现低落
迷茫无法自拔
原因
不清楚究竟什么更重要
缺少坚定的价值观

罗杰在佛罗里达州奥兰多市的教学基地与我们见面时，已经是一位典型的成功人士了。他42岁，风华正茂，是一家大型软件公司的销售经理，拥有6位数的薪水，主管西部4个州的业务，用不到6年的时间实现了4次升迁，1年半前刚被提拔为副总经理。他和39岁的妻子瑞秋相识于大学校园，在20多岁时确定恋爱关系。结婚15年，育有二女，艾莉莎9岁，伊莎贝尔7岁。瑞秋是一所学校的心理咨询师，工作繁忙。他们住在凤凰城郊区，与另外6个年轻的家庭是同一条巷的邻居，拥有一栋亲手设计的房子，双双奔波于繁忙的工作，还要为孩子安排充实的日程，生活可谓满满当当。但所有这些也是他们辛勤劳动的成果。无论寻求任何人的意见，都会说他们的生活充实又美满。

尽管如此，罗杰需要我们的原因则是老板对他的工作表现越来越不满意。“多年来我们一直把罗杰当作希望之星，”他的老板告诉我们，“我真的不知道发生了什么。两年前，我们破格提拔他担任领导角色，从那往后他的表现就从A级直线下降，现在最多只能打C+，还影响到了整个销售团队。

我很失望，也很沮丧。虽然现在对他还没有完全失去信心，但如果仍旧没有改善，他的事业也就到此为止了。如果你们能帮助他重回正轨，我会非常高兴。他是个才华横溢的好人，我也不想失去他。”

我们的工作很重要的一环是透过表面看清客户的生活中实质发生了什么。面对现实的第一步是“全情投入问卷”，我们通过一系列精心设计的问题构筑客户的行为模式，量化各方面精力的消耗及恢复情况。除此之外，罗杰还提交了一份简明用药史和完整的营养表，详尽记录了指定3天内的饮食情况。等他到达基地，我们安排他进行了数项体能测试，指标包括心血管容量、力量、灵活性、体脂比例以及血液生化指数，比如胆固醇水平。显然，通过阅读本书并不能获得相应的体征数据，但若读者不按照第三章推荐的方式进行心血管训练和力量训练，必定会逐步失去精力。

罗杰的数据显示出5项表现障碍：精力低下，焦躁，消极，人际关系淡薄，还有缺乏激情。尽管收到如此评价让罗杰很是困惑，但他的自我评估也只比同事评估高出一点点。我们发现这些表现障碍都归因于低效的精力管理，他的各项精力不是补充不足就是储备不足，有时候也二者兼具。此外，几乎所有表现障碍都受到多重因素的影响。

体能不足是罪魁祸首

罗杰所有的表现障碍中，最明显的共因是他的体能管理方式。从高中到大学，他一直是校运动员。篮球网球样样过人，还练就一副引以为傲的好身材。在药用表上，他对自己的评价是“超重5～10磅”。但在问卷中，他承认高中毕业后体重增长了23磅。他的体脂比例是27，是我们客户的平均水平，但却超出该年龄段体脂上限25%。他的肚腩已经越过了皮带扣。他从没想过自己也会经历典型的中年发福。

罗杰最近一次血压测量结果是150/90，正好处于高血压临界点。他承认医生催促他调整饮食结构，多锻炼身体。他的总胆固醇量为235，远远高出理想水平。他10年前就戒了烟，也坦言偶尔压力特别大的时候还是会抽一支来解闷。“我不认为那算抽烟，”他说，“我也不想再讨论这件事了。”

罗杰的饮食习惯已经充分解释了他增重以及精力低下的问题。大多数时间他总是不吃早餐（“我在减肥”），然后在10点左右变得饥肠辘辘，只好去餐厅点一份蓝莓松饼，并为自己续上第二杯咖啡。在办公室工作的时候，他总是在办公桌前解决午餐，虽然他努力把食物控制在一个三明治和一份沙拉的范围，但还是会拿一大碗酸奶冰淇淋当甜点。在外出差时，他总是用汉堡和薯条或外卖披萨作为午餐。

大约下午4点钟，罗杰的精力降了半旗，他会奖励自己一把曲奇饼干——办公室常备零食。一天中，他的精力水平会急速上升然后断片，取决于他多久没有吃东西，以及补充的是哪种糖类零食。精力断层会强烈影响他的急躁程度和专注时间。晚餐是罗杰最丰富的一餐，也是导致他超重的罪魁祸首。等到7点半或8点的晚饭时间，他早已饥肠辘辘，准备好好安慰自己的肠胃—— 一大碗意大利面，或是大份的鸡肉或牛排，土豆，酱汁充足的沙拉，外加大量面包。只有一半的时间，他能抵制住晚间甜食的诱惑。

罗杰几乎总是本能抗拒运动，而运动本可以抵消暴饮暴食的部分后果，还能有效缓解负面情感，让思维恢复清醒。他的解释是没有时间，没有精力。早上6点半就要出门上班，晚上花1小时15分钟才能到家，最不愿做的就是出去慢跑，或者蹬一蹬地下室的自行车。因此自行车至今仍旧停在角落一动不动。同样遭受冷遇的还有罗杰早期购置的装备—— 一架划艇机，一架跑步机，还有各式杠铃。

去年圣诞节，瑞秋送给罗杰一张他办公室附近的健身俱乐部的会员卡，附带私人教练课程。第一周他去了3次，感觉良好，第二周只去了一次。一个月过去，他就再也没到访过那家健身俱乐部。天气暖和的时候，周六他会去打高尔夫。虽然他不介意全程步行，但他的搭档更愿意乘小车。周日早晨他很想出去快步走，又被家庭琐事绊住脚步。这些情况导致他的耐力逐年下降。有次办公室电梯坏了，仅仅爬两层楼就让他气喘吁吁，以他现在的年龄来看，着实令人尴尬。

为了释放工作的压力，罗杰晚上回家通常要喝一杯马提尼，外加晚餐时的一两杯红酒，这反而让他更添疲惫。即便如此，他也很难按时上床睡觉。当他查完最后一遍邮件，关灯睡觉，已经是12点半或凌晨1点了。最多5～6个小时的睡眠也总是时梦时醒。每周至少有一两晚，他需要安眠药才能入睡。

罗杰承认，招待客户时他喝得更多。与客户的晚餐开始得更晚，结束也更晚，饮酒如饮水。餐前鸡尾酒加上正餐，三四杯红酒下肚很常见。这不仅给他的营养表平添几千卡路里，还让他一早醒来时眩晕无力。

如果没有咖啡因帮忙，罗杰很难撑下来一整天。他试图把上午的咖啡限制在两杯以内——特别疲倦的话会有三杯。他也曾两度试图戒掉咖啡，但结果头痛的状况又加重了。找到我们之前，罗杰一直记录着自己的营养摄入情况。每天下午的两到三瓶健怡可乐更增加了咖啡因摄入。长此以往，不仅罗杰的精力储备和质量受到了威胁，连专注力和进取心都岌岌可危了。

情感账户告急

在情感层面，罗杰的首要表现障碍是急躁和消极。这个结论让他很是吃惊。因为他长大后特别注意维持自己的运动员形象，对外表现得相当随和。不论高中还是大学，别人眼中的他都是友善风趣，可以放心交往的类型。工作早期，他也曾是办公室里的开心果。好景不长，随着工作年份的增长，幽默带上了棱角，曾经的温和自嘲变成了尖刻的讽刺。

精力低下显然是根源之一，它让罗杰难以抵抗消极情绪的侵袭。与此同时，罗杰现在的生活也无法带给他积极向上的情绪。工作的最初7年中，罗杰的压力很大，但是机遇也不一般。他的老板善于培养员工，指导他，欣赏他的想法，给他很大空间自由发挥，提携他，让他得以平步青云。老板自身的正能量也带动了罗杰的自信心。

而现在，公司正处于低潮期，经费缩减，开始裁员，每个人承担的工作更多，收入却不相匹配。老板的负担更重了，约见罗杰的机会也少了许多，他忍不住怀疑自己是否已经失去了老板的青睐。这个念头不仅影响了罗杰的情绪，还打击了他的工作热情，最终连累了他的工作表现。精力具有极强的传染力，负面情感开始滋生蔓长，领导者对其他人的精力影响尤其明显。罗杰的情绪强烈地传递给下属，正如老板的忽视影响了他自己的精力。

爱情本是情感疗伤的最好灵药。罗杰一直将瑞秋当作爱人和挚友。因为缺少共同相处的时间，两人间的浪漫感和亲密感已经变成遥远的记忆，连亲热的次数都少了许多。他们之间的氛围越来越公事公办，话题都围绕着家庭事务和条件协商——谁去取干洗衣物或外卖，谁送孩子去参加课外活动。现在他们极少就各自的生活交流感想。

瑞秋也有自己的事业。作为心理咨询师，她经常要跑好几个学校，工作强度很大。一年前，她77岁的父亲被确诊为阿尔茨海默症，病情很快恶化。瑞秋的个人时间都被占用了——尤其是锻炼时间，她一直渴望通过锻炼保持苗条的身材，缓解紧张的神经。现在她用大量时间帮助母亲照顾越来越病重的父亲。父亲的病情无疑使作为母亲和全职工作者的她雪上加霜，也耗尽了她的精力储备。她更拿不出时间陪伴罗杰了。罗杰理解妻子承担的压力，却还是不由自主萌生出被抛弃的感觉，跟工作中的感受如出一辙。

这时，9岁的艾莉莎课业也出现了问题。学校测试显示她有轻微的学习障碍，她开始认定自己是“傻子”，妨碍了学业和人际交往。罗杰知道艾莉莎需要关注和安慰，但他无法拿出足够的精力帮助她。7岁的伊莎贝尔目前看上去一切都好，但罗杰的疲倦也影响了父女交流。每当她想找爸爸陪她玩纸牌或者大富翁时，他总是好言婉拒，或者干脆提议大家一起看电视。

至于友情，考虑到生活中已经有足够多需要操心的事情，看似更微不足道了。罗杰经常见面的三个朋友都是高尔夫球友，即便在一起的时间很放松，还是填补不了友情的空缺。他们在高尔夫球场闹哄哄地竞争，在俱乐部里抽雪茄喝啤酒，感觉更像兄弟会而不是真正的友谊。瑞秋不太跟这些人往来，也不喜欢罗杰在周六打高尔夫，一走就是五六个小时。她觉得这个时间用来陪伴孩子或做点实际的事会更好。而罗杰认为，经过劳累的一周，自己至少值得一些放松和休息的时间。可他还是会感到内疚，毕竟妻子从来没有同样的休闲时间。而且讽刺的是，即使打了高尔夫，周末也很少让他有焕然一新和重装上阵的感觉。

徒劳地强打精神

罗杰对身体和情感的管理方式导致了第三项表现障碍：专注力差。疲倦，对老板不满，与瑞秋不合，内疚自己没有更多陪伴孩子，新职位的压力，这些因素让他很难把精力集中在工作上。当他还是普通销售员的时候，时间管理从来不是问题。而现在，他需要管理4个州共40名员工，时间突然变得捉襟见肘。步入职场以来，罗杰第一次感到自己精力分散、效率低下。

在办公室的一天，罗杰通常要接收50～75封邮件，至少两沓语音信息。因为他一半时间都在外面，他开始随身携带黑莓手机，让自己随时随地都能收发邮件。时间一长，他发现自己永远都在回应别人的问题，而不是执行自己的日程安排。电子邮件也会分散他的注意力，他发现长时间做某项任务变得越来越难。他曾认为自己创意十足、足智多谋，还设计了整套办公室的客户追踪软件，可他现在已经没空接手长期任务了。罗杰的工作内容变成了一封接一封的电子邮件，一个接一个的指标下达，一件接一件的危机处理。他很少休息，专注力也日渐恶化。

就像他认识的所有人一样，罗杰也从来不把工作只留在办公室。在回家的路上，他总是用手机回电话，晚间和周末还在回邮件。去年夏天全家第一次去欧洲度假，罗杰还是强迫症般每天查看邮件和语音信息。他自己说，回到家发现1000封未读邮件和200条语音信息等着他显然更可怕，还不如假期内每天抽出1个小时跟进工作。所以在某种意义上，罗杰从未真正离开过办公室。

到底什么最重要

实际情况是，罗杰花费了太多时间应付外界的问题，反而不再思考自己对于生活的期望。我们问他，生活中最能给他带来激情和满足的是什么，他却张口无言。即便自己在公司的地位和威望都在上升，他还是没有太多的工作热情。在家也是一样，虽然他的确深爱妻子和孩子们，把她们视为至宝。精力的强大源头在于目标清晰，而罗杰显然缺乏这种动力。他也未曾培养深刻的价值观，激励自己更好地照顾身体，或者控制焦躁，更好地规划时间、集中注意力。这么多事情让他手忙脚乱，他没空反思自己是否做对了每一个抉择。思考人生只会让他更加消沉，因为所有事情看起来都无法改变。

罗杰几乎拥有了他曾经渴望的一切，但他却越来越感到疲惫、沮丧，形单影只。最后，罗杰告诉我们，他觉得自己变成了无能为力的牺牲品。

“我是一个好人，一个体面的人，我为了家庭倾己所有。我当然也有苦恼，但只是想要负起责任。我要供房供车，还想为孩子攒下教育费用。我也愿意保持身材，可是除了工作和路途的奔波，空余时间已所剩无几。我的确发福了，只是因为忙碌时很难保持健康的饮食。是的，我每天都吃零食，但几块饼干、偶尔一碗酸奶冰淇淋又能怎样？一天一两支烟、晚上两杯酒也不过是缓解疲劳的小爱好，又不是上瘾。

“也许我在工作时过于轻易地急躁发火，但我本性并非如此。我没有得到老板足够的支持，公司还要削减经费。一个人在如此大的压力之下更难集中精力，或者产生热情。

“我很内疚自己没有花更多时间陪伴孩子，觉得自己亏欠她们很多。瑞秋说得对，即使我人在心也不在。不过她自己也是五十步笑百步。我怀念与妻子相处的时光。有时我会感觉自己被忽略了，可换位思考，她肩上的事情也够多了。

“我真心希望自己能重整旗鼓，但我不知道该从哪里改变。我告诉你，一着不慎满盘皆输。我们办公室里有一半的人都离婚了。上周，一个42岁的同事突发心脏病，死在他的办公桌旁。我只想继续前进，还要留心别绊倒自己。这不是我理想中的生活，或许真有更好的生活，但我还没有发现。”

Chapter 3

THE PULSE OF HIGH PERFORMANCE: BALANCING STRESS AND RECOVERY

第三章

高效表现有节奏——劳逸结合的平衡

罗杰在不自知的情况下，生活已极其单线化。长时间工作，极少休息，即便在家里他也不停消耗自己的思想精力，从来不给自己恢复的时间。疲倦带来焦虑、易怒和自我怀疑。

事实上，人需要顺应消耗与恢复的节奏，运动与休息的交替进行可以最大限度提高表现。“张弛有度”是全情投入、维持机能和保持健康的关键。

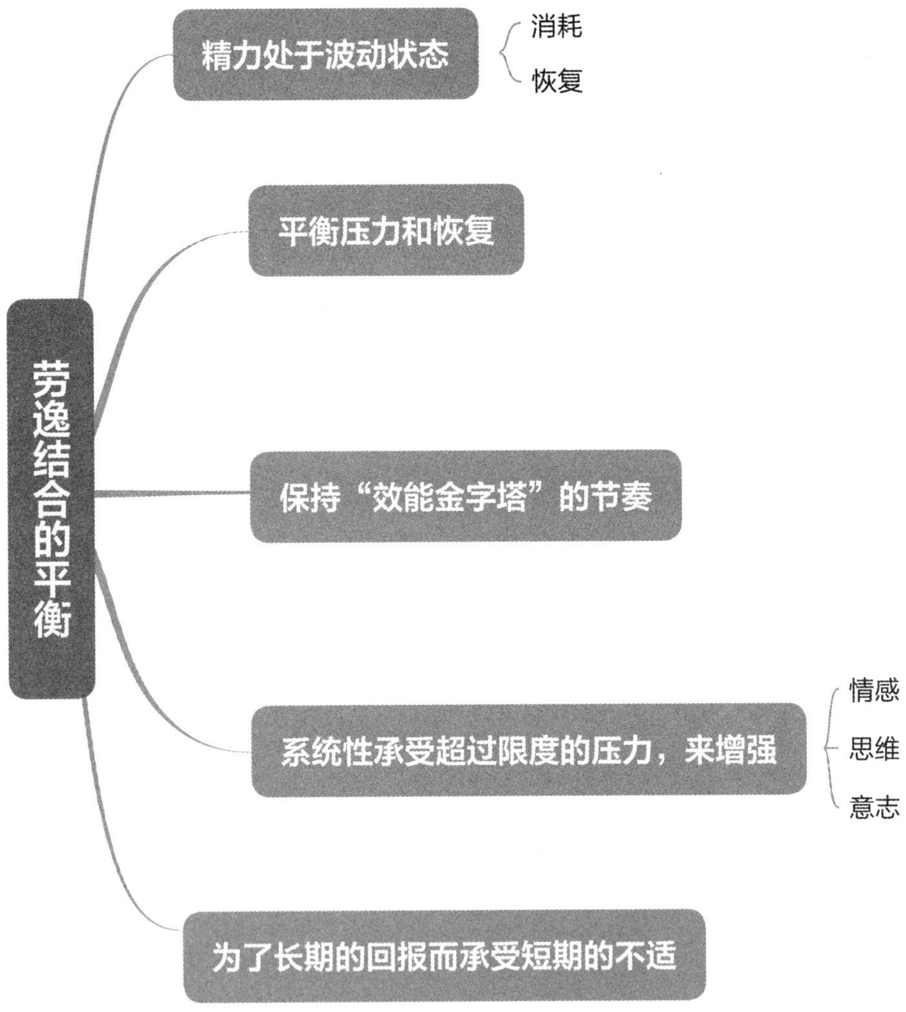
劳逸结合的平衡
精力处于波动状态
消耗
恢复
平衡压力和恢复
保持“效能金字塔”的节奏
系统性承受超过限度的压力，来增强
情感
思维
意志
为了长期的回报而承受短期的不适

通过运动和休息的交替进行可以最大限度提高表现，这条理论最初由斐洛斯特拉图斯提出，他是古希腊运动员训练手册的编撰者。前苏联运动科学家于20世纪60年代重启了这项概念，指导本国的奥运会选手取得了惊人的成功。如今，“训练-休息”的比例搭配仍是建立训练周期的基础理论，被全球的顶尖运动员广泛采用。

对训练周期的研究正朝着更精确复杂的方向发展，但其基础理论与2000多年前初建时并无二致。通过一定时间的活动消耗，人体需要从基础生化源获取能量。这一过程叫作“补偿”，消耗的能量通过补偿而得以恢复。随着训练强度增大、对运动员要求提高，能力的恢复和补偿程度也必然相应增加，否则，运动员的表现将会逐渐下降。

精力简单来讲就是做事的能力。

人类最基本的需求是精力的消耗与恢复

我们需要精力来创造最佳表现，而精力的恢复尤为重要。它不仅确保我们享有健康和幸福，还能提升我们的做事能力。几乎所有精英运动员客户来找我们时都面对着水平发挥的难题，而这些难题归根结底都是精力消耗和恢复的不平衡。他们在体能、情感、思维和意志的一个或多个层面要么过度训练，要么训练不足。二者都会直接体现在运动员的表现上，包括持续的伤病、焦虑、消极、愤怒、难以集中精力和失去激情。我们以帮助运动员更好地管理精力为突破口，系统地增强某个能力不足的层面，并在训练日程中加入定期恢复的内容。

平衡压力和恢复不仅在竞技体育中有重要意义，也同样应用于生活中各方面的精力管理。精力消耗导致储备减少，精力恢复带动储量上升。过度消耗而恢复不足最终将导致精力衰竭崩溃，恢复超出消耗则导致萎缩和衰弱。想想一只打着石膏的手臂吧，石膏的本意是保护手臂不被过度使用，如果超过一定时间，手臂肌肉反而因为静养变得无力，甚至发生肌肉萎缩。持续健身能带来身心改善，但若停止一周，曾经的改善就会大幅退步，只要停止4周，这种改善就会完全消失。

情感、思维和意志的层面里亦是如此。情感的深度和适应力取决于外界交往的积极程度和内省习惯。思维的敏锐度会因为缺乏思维挑战而减退。意志精力依赖于不断温习深层价值取向，为自我行为负责。全情投入需要在各个层面培养精力消耗（压力）和精力再生（恢复）的动态平衡。

我们称之为有节奏的波动，

它代表了生命的本质脉动

波动越强，我们越能够做到全情投入。这一点在组织层面依旧成立。

如果管理者和经理们围绕长时间持续的工作建立起企业文化——不论是一开几个小时的会议，还是鼓励下属晚上和周末加班加点，员工的工作表现必然会随着时间延长变得越来越差。鼓励人们适度休息的企业文化不仅能够提高员工的忠诚度，也会给组织带来更高的效率。

与理想状态相反，多数人的生活更趋于单线化。人们往往一厢情愿地假设某些层面的精力可以无限消耗——通常是思维和情感方面，认为某些层面不需投注太多精力就能高效产出——通常是身体和精神方面。长此以往，我们的生活也就平淡无味了。

遵循生命的节奏

自然本身存在规律的脉动，在活跃和休息之间有节奏、波浪形地交替。涨潮退潮，四季更替，日升日落，不胜枚举。同理，所有有机体都遵从恒久的节奏——鸟类迁徙，熊类冬眠，松鼠收集坚果，鱼儿产卵，生物的活动都有一定的间歇。

因此，人类也具有内在的节奏，有些是自然所为，有些由基因决定。季节性情感障碍由季节变化和身体机能无法相应调整共同导致。我们的呼吸、脑电波、体温、心律、荷尔蒙水平和血压都有健康（或不健康）的节奏波动。

我们是波动世界内的波动个体。

节奏性存在于我们的基因中。

波动甚至会出现在人体的基本层面上。张弛有度是全情投入、维持机能和保持健康的关键。相反，单线化运动最终会导致机能障碍和死亡。想象一张健康的脑电图或心电图是如何起伏波动的，再想象它的反面，是不是一条直线？

广义来讲，我们的“活动-休息”模式遵从生理节奏，大约每24小时循环一次。20世纪50年代初，研究员阿瑟林斯基和克莱特曼发现，睡眠有90～120分钟的周期，从浅层睡眠——大脑活动频繁和做梦的阶段，到深度睡眠——大脑静止并深层修复。这个过程称作“活跃-休整基础循环”（BRAC）。到了70年代，进一步的研究表明，大脑清醒状态下也存在同样的90～120分钟的周期，即次昼夜节律。

次昼夜节律掌控一天里精力的涨退。生理指数如心跳、激素水平、肌肉张力和脑波活动在循环周期的前段都会升高；经过1个小时左右，所有数值都开始下降。大约90～120分钟之后，身体开始渴望休息和恢复，并发出一些信号，如打哈欠和伸懒腰，阵发饥饿感，压力增大，难以集中注意力，做事拖拉，胡思乱想，容易犯错等。多数人克服自然循环的方法就是勉力斗争，让身体释放压力荷尔蒙，使自己能够应对突发事件。

长此以往，毒素会在体内积累。我们再逼迫自己也终有限度，时间过长或压力过大就变得精疲力竭甚至崩溃。压力荷尔蒙在体内定期循环，或许能暂时保持机体活力，但时间一长就会出现多动、咄咄逼人、急躁、烦躁、愤怒、自私自利、对他人漠不关心等症状。如果人们始终忽略张弛有度的法则，还会面临头痛、背痛、肠胃功能紊乱、心脏病甚至死亡的危险。

因为身体需要张弛有度，我们常常通过人工方式制造波动，缓解生活的单线化。当精力储备不足以应对现状时，我们会投奔咖啡因、可卡因、安非他命等刺激物。如果我们无法通过自然方式得到休息，则会依赖酒精、大麻和安眠药的帮助。如果你白天需要咖啡提神，晚上需要酒精放松，那么你就是在描画自己的直线生活。

利用碎片时间见缝插针地休息

学习短跑运动员，就是把生活拆分成一系列可以掌控的阶段，既满足生理需求，又符合自然规律。这个想法最初是吉姆发现的，当时他正与多位世界级网球选手合作。作为效能心理学家，吉姆的目标是找到最优秀的竞技选手与普通选手的差别。他花了数百小时观看顶级选手的比赛，研究场地录像，结果却令他大失所望。这些选手在比赛中的技能习惯并无大异。当他把目光转向选手们得分之后的行为，终于思绪豁然开朗。虽然大部分人都不自知，但最佳选手们在两轮比赛期间有固定的行为模式，包括得分后走回基线时头和肩膀如何摆正，视线看向哪里，呼吸模式，甚至自言自语的习惯等。

吉姆恍然大悟，这些选手利用比赛的间隙力争最大限度恢复体力，而许多排名靠后的选手根本没有恢复体力的习惯。在监测顶级选手的心率时，他又有了其他发现。得分后其间的16~20秒内，顶级选手的心跳竟然能够降至每分钟20次。通过建立高效的体力恢复机制，这些运动员能够在极短的时间内完成精力再造。普通选手没有相应的赛间习惯，在整场比赛中心率都停留在较高的水平，因此身体很难支撑下来；而顶尖选手会利用细小的习惯更有效地恢复体力，为赢得下一分做好准备。

得分间隙休息的影响是惊人的。我们设想一下，技术水平和身体条件势均力敌的两位选手进入一场比赛的第三个小时，其中一位始终利用得分间隙休息调整，另一位则没有。显然后者的身体更感劳累，而劳累又会带来其他负面情感，如愤怒和沮丧，使得他的心率进一步升高，肌肉僵硬。身体劳累也会让人难以集中注意力。普通人在高压之下连续伏案工作几个小时，劳累是必然的结果，随之而来的还有负面情感，注意力分散，这些最终都将降低自己的表现。

在网球运动中，吉姆证实了这个结论。选手的心跳越是一成不变，他们的表现越会逐渐变差，更有可能输掉比赛，因为精力消耗却得不到补充会导致心跳逐渐加快。同样，心跳迟缓的选手也发挥不出应有水平，因为他们不够投入，或者已经放弃了比赛。

甚至像高尔夫这样体能消耗很少的运动，保持精力消耗和再生的平衡也十分重要。尼克劳斯的技能和表现一直为人称道，他对自己成功秘诀的总结也很中肯：

我拥有在任何情况下高度集中的能力，摒弃那些让我分心的事物。然而，我无法在打完18洞的过程里始终集中精力，即便可以，我怀疑我的思维也会过度损耗，思维变得混沌，最终还是无法推杆入洞。因而我制订了一套步骤，帮助我完成从高度集中到惬意放松的过渡，反之亦然。

在我走向球座时，意识开始变得敏锐，在我分析场地、思考策略的过程中继续集中，在我立好球、挥杆时达到顶峰。那时我的思维完全不被外界干扰，只有脑海中规划的清晰路线。

除非开球失误，需要我立刻寻找补救办法，否则从离开球座起我就退入了惬意山谷，要么跟其他选手随意聊天，要么放任我的思想天马行空。不管有没有发挥出最好的水平，我一直坚持这个模式，不过，事情不顺利时当然应该更加努力一点。

压力和恢复的平衡在任何效能至上的领域中都意义非凡。1998年，美国陆军进行了一项作战效率的研究，衡量一组炮手能够在三天里击中目标多少次。第一组被要求在3天里尽可能发射炮弹，第二组人被要求不时停下休息。第一天，不休息的小队击中目标的次数更多；第二天，不休息的炮手准确度急剧下降，经过休息的炮手们反超得分，并一直领先到最后。

恢复周期对创造力和亲密关系都同等重要。声音通过音符间的停顿空白组成了音乐，如同字母和空白组成了单词。就在工作的空白时段，爱、友谊、深度和维度得以延伸。如果没有恢复的时间，我们的生活将在失衡中变得一片混乱。

工作中如何休息

几年前，《快公司》杂志采访过数位成功人士，询问他们如何避免高强度压力下工作的过度劳累，几乎所有人都提到了定期更新精力的方法。发明了交互式电视的温克传播公司董事长维尔德罗特发明了一套自称为“猎狮”的活动。“我‘潜伏’在办公室里，问大家手头上都在忙些什么，与平日不太交流的员工增进感情。‘猎狮’能让我放松下来，哪怕仅仅30分钟，也能让我从迫在眉睫的日程中短暂离开。我从来不会过度劳累，因为我不会让自己工作到那种程度。你必须要控制好自己的节奏，留出时间休息……时间是一种有限的资源，我们也应该有限度地索取。我将时间当作机遇，一个决定资源分配的机会。”

李岱艾广告公司旧金山分公司首席执行官比安奇将精力恢复的过程融入了频繁的出差时间。“我从来不在飞机上工作，不碰手机，不碰电脑，不办公，只是阅读书籍报刊，听听音乐，做那些我通常没有时间做的事。要想工作总有理由，因为事情来得总比你的处理速度快。但如果不腾出时间休息，你就会失去效率。”前专业足球教练吉伯斯现在经营一家赛车公司，他的休息秘诀则是假期。“我会把跟家人度假的日子在日历上用荧光笔圈起来。我们每月过四天的周末。圣诞节假期有九天，我们要么去滑雪，要么去温暖的地方度假。”

赫曼米勒家具公司的副总裁诺曼描述了他如何悉心规划日程，将分心事务降到最低，留出足够的休整时间，以便最大化工作产出。“我从六七年前就停止了使用语音信息，现在也不用手机。我见过视工作为生命的人，把工作当作唯一的爱好。但我认为工作之余做一些自己喜欢的事也非常重要。我喜欢外出采风，走进自然，自然让我重新振作，变得更加专注。摄影练习需要不断调动大脑的创造力，有时工作都未必有相应的效果。它能培养直觉思维，在工作决策时会特别有帮助。”

团队如何休息

平衡压力和恢复精力在组织层面有着强大的力量。布鲁斯经营着一家大型电视集团的分部，他带着公司高层管理者们来到我们的培训基地。在调研过程中，我们发现他习惯连续开会三四个小时，中间没有休息。布鲁斯是一个精力充沛的人，认为这种马拉松式的风格能激起人们的勇气，他也认为，长时间集中注意力是高管的考核指标之一。我们向他指出，如果他的目标是团队产出最大化，那么他并没有做到高效地管理团队精力。由于老板作风如此，高管们也只有强迫自己适应冗长的会议，有些做到了，有些没做到，然而，没有人能在连续四个小时之后还能保持会议初始的敏锐和专注。

起初布鲁斯并不相信精力再生的说法，但是他被吉姆的得分间隙研究打动了，尤其是运动员在极短时间内体力大幅回升的可行性打动了他。离开咨询室，布鲁斯决定亲身体验一下，在工作日程中加入休息时间。他几乎立刻就发现，休息过后不仅体力更加充沛，情绪也变得积极向上。布鲁斯立刻成为了间歇休息的忠实执行者，不断尝试新的休息方式，最终找到了两种能让他完全从工作中抽离、最大限度恢复体力的方式。

第一个是在他的办公楼里爬楼梯，上上下下十几层。第二个是空中抛物杂耍。最初他自学抛3个物件，练习6个月后就能够抛接6个物件。这项活动让他的心思完全摆脱了工作，在技能进步中感受单纯的喜悦。咨询结束几周后，他就完全改变了以往的开会方式，雷打不动地每90分钟组织15分钟的休息，并要求大家在休息期间不要谈论工作。“人们嗅到了我发出的信号，”他说，“休息期间整间公司都松弛下来了。我们用压缩的时间讨论了更多的议题，开会的过程也变得更加有趣。”

这世界憎恶休息

罗杰在不自知的情况下，生活已经极其趋向单线化。长时间工作，极少休息，即便在家里，他也在不停消耗自己的思维精力，从来不给自己恢复的时间。疲倦带来焦虑、易怒和自我怀疑，但是他缺乏情感再生的源泉，即使婚姻也无法带他回到正面积极的轨道。用运动术语来讲，罗杰在思维和情感上过度训练，却在体能和意志上训练不足。由于他在训练中过度投入了有限的宝贵精力，渐渐地失去了耐力、力量和灵活性。因为逐渐淡忘了自己的价值取向和人生目标，他的精神领域变成一潭死水，甚至无法调动意志精力帮助他恢复。

罗杰跟我们中的大多数人并无不同，因为他的日常选择正是社会大众的通病。这个世界欢迎工作和活力，却无视恢复与休息，殊不知后两者正是持久的高效表现的必要因素。生理学家摩尔艾德是昼夜节律技术公司主席，还是《24小时社会》一书的作者。他说：

问题的中心是根本性的冲突，一方是人类文明的严格要求，另一方则是人类大脑和身体的固有设计……我们的身体被大自然设计成日出而作、日落而息的模式，黎明和天黑之间徒步距离超不过几十英里。现在我们却24小时不间断地工作和娱乐，坐上飞机就能一日千里，短短一上午就能做出关乎生死的决定，或是在国外股票市场中交易。科技革新的步伐已经超过了人们思考后果的能力。我们的思维变得机械化——追求技术和设备优化，而不是人性化，专注于最大化人们的表现。

从最实用的角度看，全情投入的能力取决于周期性休息的能力。对多数人来说，要做到全情投入，我们需要从新的角度思考如何管理精力。我们许多人把生活看作一场没有尽头的马拉松，人生终结才是长跑的终点。这个过程中，我们不断学习方法，让自己保留有限的精力。这意味着我们在工作中只维持一定量的精力消耗，却导致自己做不到全情投入；又或者将精力过度消耗在工作上，无法全心投入家庭；也可能意味着像罗杰一样，在生活的方方面面都变得心不在焉。

全情投入的精力

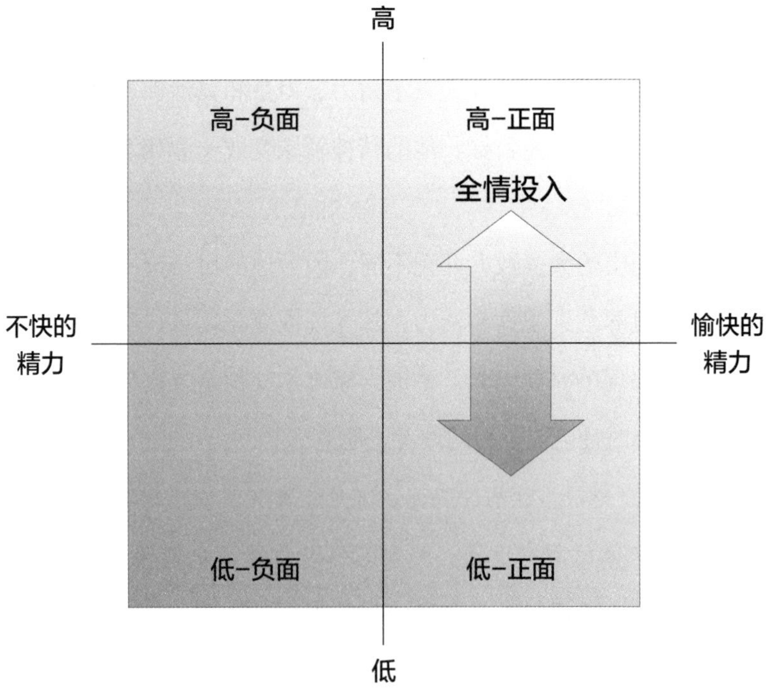

科技的进步永不止息。它本该帮我们更好地感知周围的事物，然而却成为现实中导致我们无法全情投入的祸因。迪士尼公司主席艾格曾这样描述电子邮件对他的影响："它完全改变了我工作的习惯。起床后我不愿打开电脑，因为我知道一旦开机，今天就读不成报纸了。如果我在早上6点左右登录电邮，肯定会有25封以上的未读邮件静静地躺在收件箱里，而我昨晚临睡前才刚刚查收过。电邮真的会影响你专心做事的时间。一旦新邮件提醒响起，你就会条件反射般地打开电脑查收，还没来得及思考，你的手已经自动开始回复了。不知不觉，45分钟就在回复邮件中过去了。我发现我已经开始有意地避免开会，只是为了控制不断增长的邮件数目。工作时长达到了史无前例的高度。"而艾格并非特例。美国在线网站（America Online）2000年发起的一项研究表明，47%的用户度假期间会带上笔记本电脑，26%的人每天都要查收邮件。

由于我们习惯于反天性而为，无视自然赋予的节奏，因而有意地划出工作和休息的界限更为重要。我们必须学会为一天画上休止符，强迫自己在固定的时间离开跑道，停止处理信息，把目标从工作成果转向精力恢复。摩尔艾德把它称为"时间茧蛹"。韦恩·穆勒在力作《安息日》中写道：

我们越是忙碌，越会高看自己，认为自己对他人来说不可或缺。我们无法陪伴亲人朋友，不知疲倦，没日没夜，只管四处救火，不给自己留下喘息的时间。这就是现代社会的成功典型。

穆勒说，我们已经淡忘了《诗篇》23篇中简单又深刻的道理："他使我躺卧在青草地上，领我在可安歇的水边。他使我的灵魂苏醒。"不时休息会带给我们重新投入的热情。

压力成瘾

狂热不停歇的工作节奏实际上有可能令人上瘾。压力荷尔蒙如肾上腺素、去甲肾上腺素和皮质醇会让人亢奋，创造出一种带有诱惑的冲动，也就是人们所说的肾上腺素迷幻。我们在高度紧张的状态下长时间运转，会渐渐失去换挡减速的能力。当需求增多时，我们会本能地逼迫自己。慢慢地，我们开始抗拒本能帮助我们高效运作的事物——停顿、休息和自我恢复。然后我们就会陷入超速怪圈，再也无法关闭引擎。

《法律与秩序》制片人迪克·沃夫对记者说，他曾连续34天没有周末，整整4年没有休过一次假。"最可怕的是，即便是周末，即使在缅因度假，即使根本没有事情需要我操心，我仍旧停不下来。停止工作会让我产生负罪感。我一定要找点事情做，事实是我总能找到事情做。关闭电源、无所事事变成了最困难的事情。"沃夫或许没有意识到，他口中的无所事事也许正是补充精力储备的绝佳途径。

对《夏洛特观察报》前主编马克·埃斯里奇来说，成瘾的代价更为明显。"我发现自己越来越不能集中在当下的任务上，不论何时何地做什么都不能全情投入，因为你的脑海里只想赶紧结束这件事，好开始下一件事情，生活好像停留在浅尝辄止的层面，真令人伤感。"

任何成瘾行为，包括工作，都会导致精力储备急剧消耗。嗜毒者和嗜酒者的戒瘾过程被称为重塑习惯，这并非巧合。"过度工作是这个时代的可卡因。"布莱恩·罗宾森说，他曾撰文描述这种社会现象，文中估计，25%的美国人都存在这样的问题。"工作狂是一种强迫症，通过自我强加的要求，无法约束工作惯性，放纵自己沉迷工作，忽视工作以外的一切事情。"工作狂不像其他的瘾症被视作有害，却往往备受推崇，甚至回报丰厚，可怕的代价则长期潜伏。研究者已经发现，自称工作狂的人比普通人更易酗酒、离婚，产生其他与压力相关的病症。

在本书的前期准备中，托尼决定参加一场工作狂匿名互助小组会。他也的确好奇自己的工作习惯是否符合工作狂的范畴。当托尼到达位于教堂地下室的会场时，只有4个人围坐在圆桌旁。原来，从10年前建会以来，互助小组的规模一直没有显著的增长。想一想其实不难解释，有多少工作狂愿意花时间参加一个致力于克服过分勤奋的会议？这场会议进行了1个小时。当托尼要离开时，一位参会者向他走来。“欢迎加入法国保卫战，”他露出一个玩笑般的微笑，“纽约有500万工作狂，你刚刚见到了仅有的4名正在康复的人。”

过劳致死

高强度的精力消耗并非是过度疲劳、效能打折和体力崩溃的直接原因，持续消耗加恢复不足才导致了这样的后果。日本人创造了“过劳死”的概念，通常表现形式为心脏病和中风。第一起过劳死案例发生在1969年。日本劳工部自1987年开始公布过劳死相关数据，全国过劳死受害者委员会于次年建立。每年，日本有数以万计的死亡案例与过劳相关。研究者发现过劳死亡的5个明显诱因：

- 妨碍正常恢复和休息模式的超长时间工作
- 妨碍正常恢复和休息模式的夜班工作
- 无假期无休息的工作
- 高压无休息的工作
- 高强度体能消耗和持续高压的工作

这五种诱因的共同点在于长期的精力消耗模式和缺乏间歇休息。每年工作3120小时（平均每周超过60小时）的日本工人从1975年的300万增长至1988年的700万，劳动力占比从15%增至24%。某个案件中，一位年仅45岁的工人突然身亡，专案调查组发现他已连续工作13天，其中包含连续6天的夜班。他在马自达汽车公司的引擎组装线上工作，工厂的标准是20分钟组装完一辆车。本意在提高效率的方式让工人们吃不消，几乎没有时间休息。“在这种生产方式下，”研究者总结道，“工人们就像旋转轮上无助的小白鼠，一旦停下就会被电击惩罚。”美国还没有类似的针对过劳影响的研究，但美国是全球唯一一个每周工作时间超过日本的国家。

南希·伍德哈尔是精力充沛的职业经理人，也是《今日美国》的创刊人之一。作为典型的成功人士，她曾说：“我不是那种可以坐在游泳池旁放空脑袋的人。我总会带一支录音笔去游泳池，有了灵感就记录下来。夺走我的录音笔会让我感到不适。人们总是对我说，‘南希，歇歇吧，给自己充充电，’我会说，‘把这些点子记下来就是充电。’一支录音笔会让你更加高效，手机和电脑也是。把这些东西都带上，我就不需要停工休息了。大家可以随时随地找到我。”

然而，就在慷慨分享工作方式后不到10年，伍德哈尔就因癌症去世了，享年55岁。她的工作习惯与早逝是否相关还不能下定论，但她的情况跟过劳死的日本工人并无二致。许多证据表明，高度单线化的生活方式，包括暴饮暴食、睡眠缺失、心焦气躁、缺少锻炼、长期压力过大等都有高致病风险，甚至可能导致过早死亡。

巴塞多氏病是过劳死的先兆，也是长期承担压力的后果，在过度训练的运动员中尤其高发，因为他们总是不断突破自己的极限，却极少休息和恢复。巴塞多氏病的症状有：静止心率升高，胃口不佳，睡眠不佳，静止血压高，易怒，情绪不稳定，失去动力，受伤和感染几率增大等。我们也在客户中发现了许多同样的症状。

威廉是一家大型消费品企业的中层管理人员，他的问题是一种最常见的表现障碍。早上到达办公室时他还精力满满，然后高强度地做事，在午餐之前已经完成了一天中70%的工作。然而刚到下午，他的精力就摇旗投降了，连同他的工作热情和专注力一同丧失。等晚上回到家，他感觉自己已经被掏空了，拿不出一点精力分给家人。他怀疑自己患上了莱姆病或慢性疲劳综合征，就预约医生做身体检查。检查结果是否定的。这到底怎么回事？简单来说，就是压力增加而能力不足。50岁的威廉已经不具备他40岁或30岁的恢复能力了。为了维持现有体力，他应当更注重间歇休息。

结束我们的咨询课程后，威廉在工作安排中加入一项小小的变化。他开始每90~120分钟休息一次，吃点东西喝点水，出去走一走。仅靠这一项改变，两周时间内，威廉估计自己下午的精力上升了30%。

精力超支怎么办

定期恢复精力确保我们可以持续全情投入——只要生活对我们的要求不会改变。但一旦生活的要求超出了我们的能力，即使全情投入也达不到要求，我们该怎么办呢？

这个问题的答案充满了矛盾，也违反了常识。为了提升能力，我们需要系统性地增大压力，随后得到充分休息。要提升肌肉极限，就要说到“超量补偿”的概念。若现有的肌肉力量不足以达到要求，身体就会通过制造更多肌肉纤维来应对下一次刺激。

通过超极限消耗精力并有效恢复，

我们会在各方面成长

同理，我们发现情感、思维和意志层面的“肌肉”也有增长空间。人们从本能上抗拒走出自己的舒适圈。恒定性是一种平衡，是维持生理现状的表现。一旦我们挑战这种平衡，就会触发警报系统，提醒我们正在进入未知领域，敦促我们返回安全地带。在遇到真正的危险时，这种警报非常有用，有助于我们自我保护。因此即使是为了塑造肌肉，我们也需要冒着受伤的危险。但如果停留在正常范围内使用肌肉，肌肉永远不会增长。

拓展能力需要

为了长期回报接受短期不适

追求长期效益和健康时也会出现同样的矛盾。“我们可以不投入任何意志精力就获得乐趣，但是只有在倾注关心时才谈得上享受。”《心流》的作者、心理学家米哈里·契克森米哈写道，“最佳时刻，往往发生在一个人的身心为了达成艰难目标或完成有意义的事情，而自愿达到极限的时候。”大多数人都有过这种体验。一件事情的乐趣会随着时间逐渐减少。即便我们惧怕改变，自愿应对挑战、敢于突破革新依旧能够为我们带来深深的满足感。

是否愿意挑战舒适区有部分取决于我们潜在的安全感。不管我们多么焦虑地尝试填补空缺，都不会倾向于做出让自己不适的选择。一旦燃料不足，感觉到对自我存在的威胁，我们会选择贮存现有的精力，利用有限的资源保护自我。我们把这种现象称作防卫支出。如果想获得持续成长而非固步自封，准确评估生活的威胁等级就尤为重要。

超出极限与定期休整的平衡

我们在整个人生中都会面对大小不一的风暴，体能、情感、思维和意

志层面比比皆是。当风暴的力量非现有体力所能抗衡，可能会导致骨折或者心脏病，此时最需要做的就是保护受伤的部分不再暴露于危险之下。外科医生会用石膏保护断裂的骨头，或要求心脏病患者卧床休息。但我们不能一直裹缚石膏或者一直躺在床上，因为静止不动会导致肌肉萎缩无力。

复健是我们系统性地恢复能力的过程。复健的方式大同小异：让受伤的部分承受从轻到重的压力。用力过猛或操之过急都会导致二次伤害，不仅是骨折的手臂或受伤的心脏，其他层面遭受打击时同样如此。如果你是暴力事件的受害者，刚刚失去心爱的人，或者最近被炒鱿鱼，你的第一选择应该是疗伤和康复，给自己重整旗鼓的时间。重塑能力需要把自己再一次置于曾经受伤的环境。只要恢复得充足，我们的极限都会达到新的高度。

这条规律同样适用于主动拓展能力的情况。试想，一个婴儿冒险离开母亲身边，一定会经常折回来看她是不是还在原地，他是在测试自己的安全区。母亲宽慰的微笑是孩子情感精力的源泉，让他敢于向未知前进，继续挑战自己的极限，若这一点得不到保证，他就会跌跌撞撞地投回母亲的怀抱。成年人也一样，我们遇到威胁也会退缩。恢复是治疗和鼓励的过程，我们通过恢复才得以重新投入风暴之中。因此，当我们面临挑战而不是威胁时，也会愿意主动拓展自我，即使意味着需要冒风险或接受不适。

当我们第一次向罗杰提出，缺乏能力在某种程度上是因为他没有承担足够的压力时，他觉得难以置信。“我的生活压力从来没有这样大过，”他坚持道，“我的老板帮不了我，我还要管理众多的下属，市场资源越来越少，竞争越来越多。如果你们的理论是正确的，我怎么没有变得更强？”许多客户最初都会提出这样的问题。

对此，我们的答案是，能力拓展的关键在于，既要超出日常的极限，又要定期休整恢复，二者兼备才能成长。罗杰显然没有做到后者。他在体

能和意志层面没有尽力拓展能力，而这两方面的“肌肉”长期使用不足，只会继续萎缩下去。

在思维和情感层面，罗杰又犯了过度训练的错误，没有得到充足的休整，便把自己一次次推入过度的压力当中，结果只能让自己越来越难以应对压力。因为不重视休息，他只会继续逼迫极限，导致恶性循环。他需要的是排毒的时间和改变的方法，允许自己定期恢复情感和思维精力。某些层面过度训练和另一些层面训练不足都会导致同样的结果：在生活越来越高的要求下，我们的能力只会越来越弱。

你要记住这些要点

- 精力的消耗与恢复是人类最基本的需求。我们称其为波动。
- 波动的反面是直线：精力消耗大于恢复，或者精力恢复大于消耗。
- 压力与恢复的平衡对于个人或团体的高效表现都至关重要。
- 我们必须在四个层面都保持健康波动的节奏，即“效能金字塔”的组成部分：体能，情感，思维和意志。
- 我们培养情感、思维和意志能力的方法与体能相同，必须系统性地将自己置于超出惯常极限的压力当中，并在过后得到充分恢复。
- 拓展能力需要为了长期回报接受短期的不适。

Part 2 第二部分

精力的四个来源

THE FOUR SOURCES OF OUR ENERGY

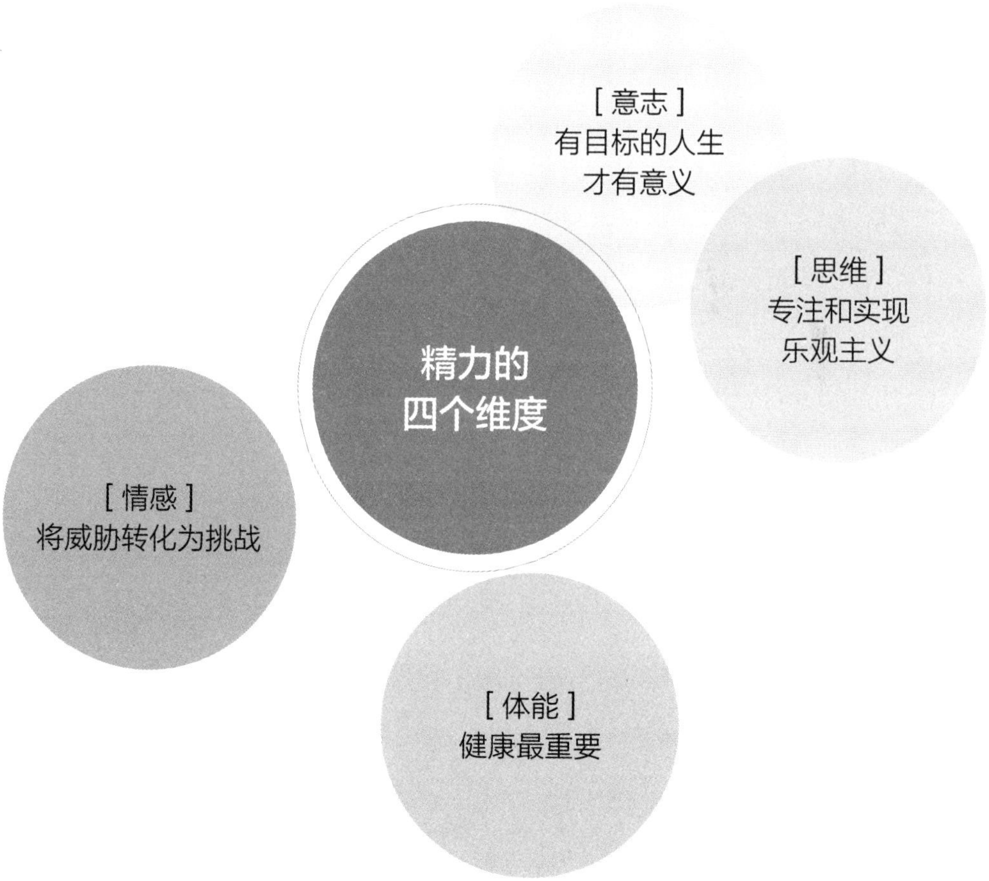

Chapter 4

PHYSICAL ENERGY: FUELING THE FIRE

第四章

体能精力——为身体增加动能

罗杰虽然也意识到如果睡眠充足、定期锻炼，身体可能会舒适些，但他表示就是没有时间睡眠和锻炼。

吃得好、睡得好又积极锻炼显然有很多益处，包括减重、获得漂亮的外形和健康，更能带来积极情绪。体能不仅是敏锐度和生命力的核心，还影响着我们管理情绪、保持专注、创新思考甚至投入工作的能力。

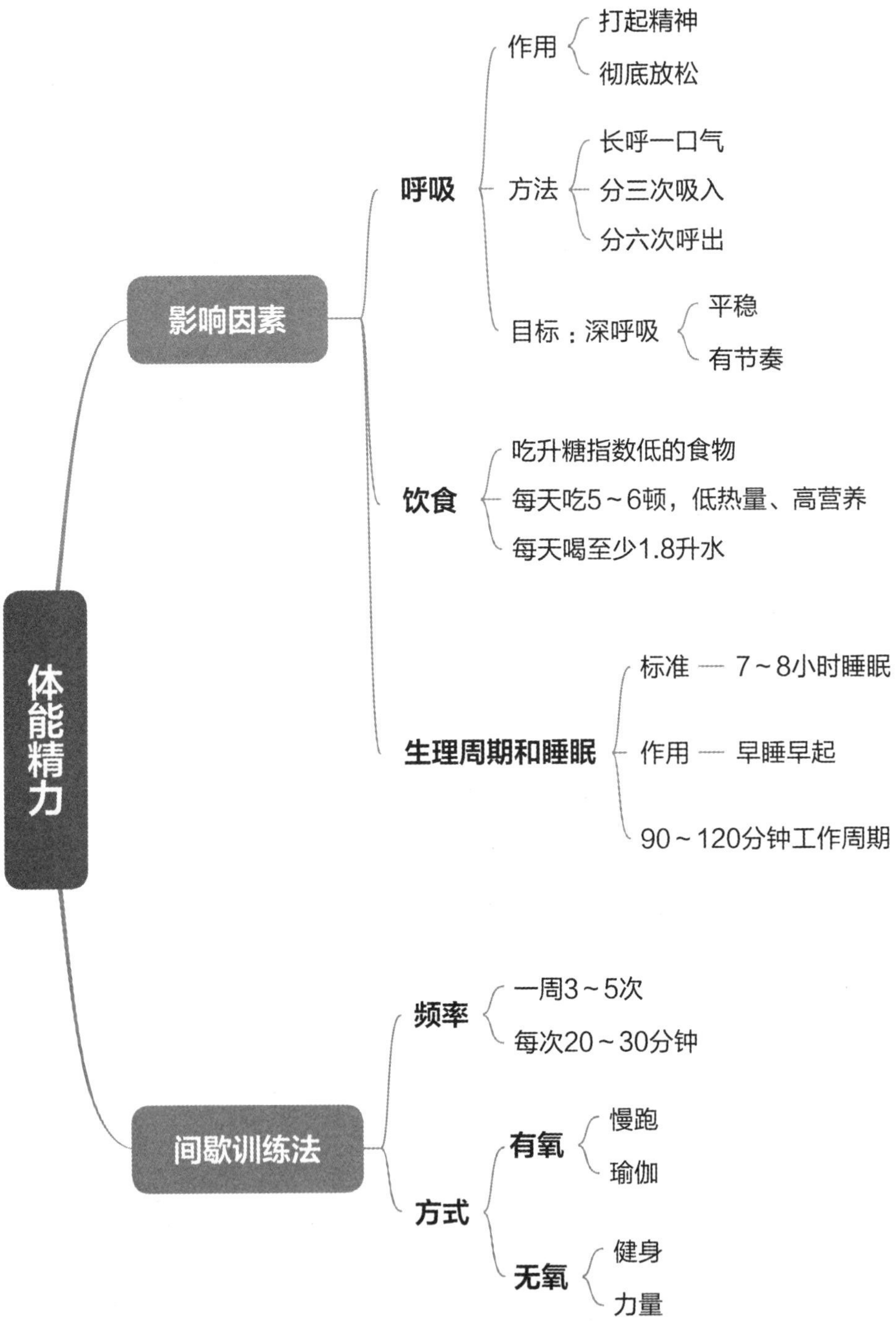
体能精力
影响因素
呼吸
作用
打起精神
彻底放松
方法
长呼一口气
分三次吸入
分六次呼出
目标：深呼吸
平稳
有节奏
饮食
吃升糖指数低的食物
每天吃5～6顿，低热量、高营养
每天喝至少1.8升水
生理周期和睡眠
标准
7～8小时睡眠
作用
早睡早起
90～120分钟工作周期
间歇训练法
频率
一周3～5次
每次20～30分钟
方式
有氧
慢跑
瑜伽
无氧
健身
力量

体能的重要性对运动员、建筑工人和农民来说不言自明。因为其他职业更看重思维劳动，所以人们容易低估体能在效能中扮演的角色。在大多数工作中，体能被完全从效能公式中抹去，然而实际操作中，体能是燃料的基本来源，即使大部分工作时间都是坐着一动不动。它不仅是敏锐度和生命力的核心，还影响着我们管理情绪、保持专注、创新思考甚至投入工作的能力。领导者和经理们往往会犯基本的错误，忽略精力对体能的需求，却仍然期望下属随时保持最佳表现。

当我们遇到罗杰的时候，他从未想过管理任何方面的精力，对体能更不屑一顾。他也意识到，如果睡眠充足、定期锻炼，身体可能会舒适些，但按他的话来讲，他就是没有时间来睡眠和锻炼。他知道自己的饮食习惯称不上健康，但也没什么动机做出改变。他只是不让自己思考饥一顿饱一顿带来的后果。大部分时间，罗杰能感受到的只有忙碌和麻木。

从生理学的角度看，精力来源于氧气和血糖的化学反应。从实际生活来看，精力储备取决于我们的呼吸模式、进食的内容和时间、睡眠的长短和质量、白天间歇恢复的程度以及身体的健康程度。建立起体能消耗和恢复的节奏性平衡，能够确保精力储备保持在相对稳定的水平。走出舒适区，然后等待恢复，则是拓展体力的方法，适用于体力无法满足要求的情况。

生命中最重要的节奏常常被我们视为理所当然，尤其是呼吸和进食。但是几乎没有人会思考与呼吸相关的事情。氧气只有在缺氧时才显得弥足珍贵——被食物噎住，被海面下的暗流困住，或者患上肺气肿之类的疾病时。呼吸模式即使发生了重大改变，也很少引起人们的警觉。焦虑或生气时呼吸会变得浅而急促，这种模式在我们受到即时威胁时会帮上大忙，然而它会迅速燃烧精力储备，损害我们重塑思维和平复情感的能力，诱发恶性循环。这也解释了为什么应对愤怒和焦虑最简单的方法就是用腹式呼吸。

呼吸是自律的有力工具，既能集聚精力，又能带来深度放松。延长呼气时间有利于精力恢复。三次一组吸气、六次一组呼气可以使体能、思维和情感平复下来。深度、平静、有节奏地呼吸会激发精力、敏锐和专注，也能带来放松、宁静和安宁。这就是健康的终极脉动。

调整饮食方式

体力的第二个重要来源是食物。进食不足的代价——不能从食物中摄取足够的糖原转化为能量——是明显的。大多数人都没有体验过长期饥饿，但我们都清楚饥肠辘辘的感觉，以及它对我们各方面能力有效功能发挥的影响。饥饿的情况下，除食物之外很难有其他事物能吸引注意力。另外，长期过度进食则是过度“恢复”的典型代表，导致身体肥胖，损害精力。高糖高脂的食物和简单碳水化合物可以产生精力，但它们与低脂蛋白和蔬菜谷物等复合碳水化合物相比，不仅转化效率低，释放的能量也不如后者丰富。

吃得好显然有很多益处，包括减重、外形漂亮和促进健康，带来积极精力。我们的首要目标之一，就是帮助客户全天候保持稳定、高质量的精力。早晨起床时，8~12个小时没有进食，即使你并不感到饥饿，血糖水平也在衰退，这时早餐就显得尤为重要，它不仅能提高血糖水平，还能强力推动机体新陈代谢。

选择升糖指数低的食物同样重要。升糖指数用以测量糖分从食物进入血液的速度（详见《实用资料》中食物升糖指数表）。缓慢释放的糖分能够提供更稳定的精力。一顿低升糖指数的早餐可以提供高效并持久的精力，例如全麦食物、蛋白质和低糖水果——草莓、梨子和苹果等。相反，高升糖指数的食物如松饼和甜麦片短期内可以激发精力，但30分钟后精力水平就会显著下降。即使是传统意义上的健康早餐——不涂黄油的面包圈和一杯橙汁——升糖指数也很高，不能帮助人们较好地维持精力。

我们进食的频率也会影响保持全情投入的能力和维持最佳表现的能力。一天内吃五至六餐低热量而高营养的食物能够供应稳定的精力，因为即使营养最丰富的食物也不足以支持4~8小时的高效表现，但这是我们许多人的两餐间隔时间。纽约西奈山医院的一项实验中，受试者被安置在一个无法得知时间的场所，工作人员告知他们只要感到饥饿便可进食，结果他们的平均进食频率为每96分钟一次。

想要维持良好表现，不仅要定期进食，还要每次摄入足以维持两至三个小时精力的食物。控制进食量在管理体重和管理精力两方面都很关键。多食多餐跟少食少餐一样有问题。两餐之间的零食热量应该控制在100至150卡路里之间，并选择低升糖指数的食物，例如坚果、葵花籽、水果或半条200卡的能量棒。

为将体能最大化，我们必须让自己更加熟悉进食适当的程度——不感

到饥饿也不感到撑胀。大多数人总是陷入两个极端（详见下文的饥饿指数），花了太长时间消化食物，又一次吃太多补回来。因为精力需求到夜晚会减少，新陈代谢也会减缓，所以早上多摄入热量、晚上少摄入热量是有科学道理的。在一项关于7～12岁孩子的研究中，受试者被分为从瘦到胖5个重量级。孩子们每日平均摄入的卡路里总量相同，结果最重的两个级别与其他人的差别在于早餐吃得少，晚餐吃得多。明尼苏达大学进行了另一项研究，研究者比较了每日摄入2000卡路里的人群，一天当中进食早的人群比午后才大量进食的人群疲劳感更少，每周还会减重2.3磅。

[饥饿指数]

10 | 感到恶心，不愿想起食物
9 | 撑得动不了
8 | 动作迟缓，出虚汗
7 | 昏昏沉沉，裤子扣不上，皮带松开
6 | 饱足，感觉到食物在胃里的存在
5 | 满足，感觉不到胃里的食物，能够维持2至3个小时——理想状态
4 | 不饿，也不满足，两小时内就会饿
3 | 饿，肚子咕咕叫
2 | 闷闷不乐，精神不能集中，头晕
1 | 难受，头痛，眩晕
0 | 已经感觉不到饿了

我们还发现，喝水或许是最常被人忽略的体能再生方式。口渴不会像饥饿一样发出明显的信号，等我们感到口渴的时候，身体或许已经缺水很久了。一家研究机构称，每天至少饮用1.8公斤水对维持体能有诸多好处。

肌肉若缺水3%就会失去10%的力量和8%的速度。喝水不足也会损害大脑的注意力和协调能力。

多喝水还有助于健康和长寿。澳大利亚的研究员在一项针对2万人的调查中发现，每天喝5杯230毫升水的人比喝2杯以下的人死于冠心病的几率更小，有可能是因为缺水会升高血液黏稠的风险。然而，摄入咖啡和咖啡因饮料并未被证明对心脏有益。与高糖食物一样，咖啡因饮料如咖啡、茶和健怡可乐能瞬间提升精力，但由于咖啡因利尿，长期饮用依旧会导致缺水和疲倦。

精力不够的乔治

41岁的乔治是一家音乐公司的管理层人员，他曾一直热爱这份创意与挑战兼具的工作，带给他极大的满足感。然而，他渐渐抱怨自己对工作失去了热情，体力也不像20多岁时那么予取予求。他面临一项非常明显的问题：乔治身高1.8米，体重240磅，至少超出理想体重50磅，都是在过去10年里积攒起来的。他的体脂比例达到30，超出该年龄段体脂上限的10%。大家可以设想每天额外负重50磅带给你的精力消耗。我们发现，客户走出大学校门后的10年里会平均增重10磅。据卫生与公众服务部称，美国有35%的人超重，另外有25%的人属于肥胖范畴。这是过去20年间开始的变化趋势。对于乔治，我们的注意力主要放在研究饮食习惯如何影响他的基本精力水平和工作热情上。

我们发现，在过去几年里乔治习惯于在白天吃得少：早餐喝咖啡，午餐是一份沙拉或一个面包圈，然后在下午3点左右他感到疲倦和饥饿。管理层的楼层不卖食品，他就跑去员工餐厅，可是早已过了午餐时间，他只能买一袋薯片、一块蛋糕或一条糖果，用没吃早餐和午餐宽慰自己。晚上，妻子准备什么他就吃什么。因为知道他回家时经常饥肠辘辘，妻子总会准备丰盛的食物抚慰他空空的胃。

乔治不吃早餐就有问题。早餐是一天中最重要的一餐，我们之前说过，高质量的早餐不仅能够提高血糖水平，还可以强力推动新陈代谢。乔治尝试了多种食物，才决定用酸奶全麦麦片或加奶果汁——蛋白粉，脱脂牛奶，香蕉，草莓和蓝莓轮流作为早餐。他也限制自己只喝一杯咖啡，并用瓶装水代替以前随身携带的咖啡杯，上午吃半条能量棒或一把南瓜籽，有时是混合坚果，在抽屉和公文包里储备足量的食物：抽屉负责办公室工作的时间，公文包里的食物负责机场堵车或者长途旅行。

至于午餐，乔治找到了一家离办公室两个街区的食品店，里面的沙拉吧供应新鲜的水果、蔬菜及其他健康食品。他每天都可以尝试不同搭配，既美味又有趣，有时还会加一点他喜欢的高脂食物如奶酪。下午3点通常是乔治奔向餐厅买薯片和糖果的时间，现在他伸手从抽屉里拿一条上午没吃完的能量棒就好了。

一直以来，乔治对于进食的印象要么伴随着饥饿，要么伴随着饱胀。开始每

乔治的解决方案

表现障碍：精力低下

期望成果：保持高精力运转

仪式习惯

7:00 早餐：全麦麦片或蛋白粉饮料

10:00 点心：半条低糖能量棒，或一把坚果，一块水果

12:30 午餐：熟食店的沙拉

15:30 点心：同10:00点心

19:00 晚餐

20:30 甜点（酸奶冰淇淋等）

一次性解决步骤

- 在购物清单中加入能量棒、水果、葵花籽、全麦麦片、原味酸奶、蛋白粉和瓶装水。
- 清除家里的曲奇、薯片、脆饼及其他垃圾食品。
- 星期天晚上将一周的点心放进公文包里。

2～3小时的少量进餐习惯后，他才头一次体会到满足的感觉。随身携带瓶装水可以随时饮水，帮他抵御饥饿感。

乔治并没有改变晚餐的内容，只是请妻子减小了份量。在最初30天，也就是习惯养成的阶段，他只拿理想分量的食物，不再盛第二碗。我们都赞同“80/20”的原则：如果你摄入的80%的食物都是健康而高效的，剩下的20%可以是你喜欢的任何食物，只要份量控制得当。

晚上8点半，乔治的甜食瘾可以用几颗好时巧克力或一小碗酸奶冰淇淋解馋。按照最好的情况估计，乔治只是通过新的饮食习惯在一定程度上减少了卡路里摄入量，但是完全改变了进食的内容和时间。在尝试新习惯一周后，乔治明显感到一天之内体力改善；令他高兴的是，充足的精力改善了他的情绪和专注力。他还收获了额外的惊喜——接下来的6个月中成功减重24磅，没有感觉抑制食欲，体脂比也降至23。因为不需要负担额外的重量，他的体力进一步提升，对生活的掌控感同样增强。他也有过几次松懈的情况，尤其是参加派对和过节假日的时候。但是一年将尽，他依然持续减重，工作能力也显著提高。

调整生理周期与睡眠

除了进食和呼吸，睡眠是人类最重要的精力恢复来源。绝大多数的客户称自己的睡眠被严重剥夺，却鲜有人意识到睡眠不足会如何影响到工作表现以及对工作、生活和家庭的全情投入。

即便少量的睡眠缺失——我们称为精力再生不足——也会深刻影响力量、心血管能力、情绪和整体精力水平。大约有50项研究表明，思维能力——即反应时间、专注力、记忆力、逻辑分析及辩证能力——会随着睡眠不足而衰退。睡眠需求随年龄、性别、基因、体能而异，但普遍的科学共识是：人体每晚需要7至8小时的睡眠才可以运转良好。还有数项研究发现，即使将人们隔绝自然光或钟表，他们还是会每24小时睡眠7至8个小时。

在一项大型的研究中，心理学家丹·克里普克与同事追踪了100万人在六年间的睡眠模式，每晚睡7～8小时的人死亡率最低，睡眠不足4小时的人死亡率较前者高出2.5倍，而睡眠超过10小时的人死亡率相比高出1.5倍。简而言之，精力再生不足或再生过量都会增加死亡的风险。

睡眠的时间点也会影响精力储备、身体健康及工作表现。有无数研究表明，倒班工作者，即需要夜间工作的人，比日间工作者的道路交通事故多出一倍，也更容易出现工伤的情况。倒班工作者也比日间工作者更易诱发冠状动脉疾病和心脏病。如果从更大范围来看，过去20年间，所有的大型工业事故——切尔诺贝利、埃克森·瓦尔迪兹、博帕尔和三里岛事件，都发生在半夜，多数情况都是现场负责人已经长时间工作并经常睡眠不足。1986年，挑战者号宇宙飞船的悲剧导致7名宇航员丧生，也是由于美国航空航天局的官员连续工作20多个小时后做出了继续发射的不幸决定。

夜晚工作的时间
越长、越连续、结束得越晚，
你会变得越低效，也更容易犯错误

除了精力再生，睡眠还是成长与修复的阶段，尤其是慢波三角波主导的深层睡眠阶段。这段时期细胞分裂最旺盛，机体释放出最多的生长荷尔蒙和修复酶，白天持续紧张的肌肉得以恢复活力。可以说，我们的机体在深层修复和成长。

医学院学生长久以来的培训系统或许是说明人们急需间歇休整的最极端案例。医务工作者一般需要连续倒班36个小时，每周工作120个小时。1984年记者西德尼・锡安提出一场广受关注的诉讼，他的女儿莉比在纽约一家医院的急诊室内去世。大陪审团裁定她受到了经验不足的实习生和“能力严重不足”的实习医生的治疗，而这些医护人员几乎没有得到休息。

莉比・锡恩过世3年后，纽约州颁布一项新规定，实习医生（以及其他急救护理人员）每周工作时间不得超过80小时，倒班不得超过24小时。2002年，掌管医师任命的国家机构也设立了相同的规定，要求全国10万名实习医师倒班不得超过24小时。然而这并不是解决问题的万全之策。在日本，如果死者在死前刚刚连续工作24小时，死因可以归为过劳死或过度工作。美国国家科学院的数据显示，医疗失误很大程度都是因为医生的疲劳。每年有近10万起医疗失误导致的死亡案例，超过机动车事故、乳腺癌和艾滋病死亡人数的总和。

多年来，医学院和医院机构认为强制实习医师长时间工作是为了更好应对医务工作的压力。但试问医院负责人，你是否愿意夜间行驶在高速公路上，后面有辆大卡车紧跟着你，而卡车司机已经24小时没有休息过了？你是否愿意乘坐一架由还在培训期的飞行员驾驶的飞机，而他已经30小时没合过眼了？你又是否愿意住在一座核能设施周边，管理员都是新人且每24小时轮班一次？在我们看来，医院安排年轻的实习医生超时工作，不过是为了经济效益。执行新规定带来的损失——多数是为弥补实习医生轮班时间减少的支出，仅在纽约州每年就超过22.5亿美元。

更好的高效精力管理极有可能抵消这部分损失，还可以拯救更多的生命。睡眠研究员、心理学家克劳迪奥·斯坦皮做过一项实验，受试者被剥夺了正常睡眠，但是每4小时可以小憩20～30分钟。小憩就是一种精力恢复手段。斯坦皮发现，小睡片刻的工人即便不能长时间睡眠，仍可以保持超过24小时的惊人高效和敏锐。唯一需要注意的地方就是小憩需要定时，以免受试者陷入更深的睡眠中。如果小憩超出30或40分钟，许多受试者会感到眩晕无力，甚至比不睡更加疲倦。

注意力分散的乔迪

让夜猫子乔迪早点睡觉并不是件轻松的事情，让她早点起床也同样困难。她的父亲同样没这个习惯，所以她认为这是基因遗传的结果。乔迪很少在凌晨1点前睡觉，却不得不在6点起床工作，夜间睡眠长期不足5个小时，导致她十分疲倦，并严重影响了工作的投入性和专注程度。尤其是早上，她总会感觉头晕无力。

我们询问乔迪，每晚临睡前几个小时她都在做什么。她告诉我们，回复邮件，或者玩单人纸牌或者读小说。她自己也承认，里面并没有重要到会影响睡觉的事情。于是我们帮她设计了提早结束晚间活动的习惯。因为她喜欢沐浴，并在沐浴时感到放松，我们建议她在10点进行睡前沐浴，并在10点半结束，然后去楼下厨房泡一杯洋甘菊茶。

乔迪是一个很爱操心的人，她的入睡障碍之一就是习惯躺在床上回顾一天的事情。10点45分左右她爬上床，我们让她做的第一件事是拿出日记本进行“精神宣泄”，用10到15分钟写下她脑海里想到的事情，以及她对于某些问题的想法。当脑海中的东西都变为纸上文字时，一天也该结束了。睡前仪式习惯的最后一项是15～20分钟的读书时间——非小说类型，因为小说的连续情节会吸引她一直读到很晚，不利于睡眠。如果阅读更高深的书籍，很快就会疲倦。11点15分，乔迪关上灯，带着积极而轻松的思维进入梦乡。

第二部分就是起床。我们建议她把闹钟放得远远的，只有起床才能关掉它。我们也建议她一醒来就打开房间里所有灯，进一步刺激身体醒来。接下来，她穿上运动衫到户外快步走10～15分钟，自然光线也能促进清醒。（健康的身体可以在较少睡眠下保持良好运作。如果时间紧张，用半个小时睡眠换半个小时心血管锻炼或力量训练也很划算。）最后，乔迪答应吃一份轻量早餐。因为大多数夜猫子早起时都不饿，但是即便少量进食，对促进新陈代谢也至关重要。

乔迪的解决方案

表现障碍：注意力分散，疲倦

目标成果：高度集中

仪式习惯

22:00 沐浴

22:30 一杯洋甘菊茶

22:45 写日记

23:00 阅读

23:15 关灯

6:00 醒来（闹钟远离床边）

6:15 15分钟快步走

6:30 轻量早餐

一次性解决步骤

- 买日记本
- 选购3本非小说书籍

在培养新习惯的前两周，乔迪还是有几次违约，熬到凌晨1点才睡。但接连几天11点15分关灯，平均每天睡上7个小时，她的精力和情感都大大改善，早晨起床也变得容易了。起初，她不喜欢去户外快步走，到后来快步走却成为她最喜欢的一部分。它不仅让人精力充沛，还让她得以思考一天内需要处理的事情。

4周以后，乔迪已经彻底改变了以往的作息习惯。多数晚上，乔迪都能准时在11点15分熄灯。最后，她甚至不需要闹钟就能起床。最重要的是，她的情绪和白天保持全神贯注的能力都有了显著进步。

调整每天的工作节奏

人们不需要成为实习医师或者经历超长时间的工作才能体会到疲倦，感受到精力不足对专注力和行为表现的影响。我们在晚间经历多次睡眠循环，白天里精力的潜能也在不断变化。精力的波动与次昼夜节律息息相关，生理信号以90～120分钟为周期。不幸的是，大多数人都习惯于无视自然的节奏，直到大脑再也无法理解那些信号的含义。生活每天对人们的要求都很高，需要消耗大量体力，思维很容易忽略身体传来的微妙的恢复信号。

一旦缺少主观干预，精力储备会在一天内数次降低，下午3点或4点是次昼夜和昼夜节律的最低点。日本睡眠研究员辻洋一和小林利纪将它命名为“极限点”，即一天中最疲倦的时刻。中午、下午的事故易发率远远高于白天其他的时间点。这也解释了为何许多文明在过去的几个世纪中主动重拾午后的小憩，而这种片刻小憩在当今全天候的世界已经越来越罕见了。

美国航空航天局在对抗疲劳的实验中发现，小睡40分钟效能可提高34%，并达到完全的清醒。哈佛大学研究员也发现，参加多项任务的受试者精力可能会降低50%，而只需午睡1个小时就能重新达到效能顶峰。世界很多领导人物都清楚地了解小憩的重要价值，其中就包括温斯顿·丘吉尔：

你必须在午餐和晚餐之间抽空睡一会儿，别无他法。脱下衣服躺在床上，这就是我的习惯。不要认为自己在白天睡一会儿就会耽误工作，这是毫无想象力的人才有的愚蠢想法。你总会收获更多。你能把一天当作两天用——至少是一天半，我敢肯定。战争开始后，我也必须保证白天的休息。只有这样，我才能完全担负起自己的责任。

虽然日间休息对于大多数职场人过于奢侈，但短暂休息确实利于长时间保持精力。我们发现，白天能真正休息片刻的人晚间的精力也仍旧高涨。

失去平衡的布鲁斯

布鲁斯承认自己是一个工作狂。37岁的他是一家杂志发行公司的高层管理人员，每天早上7点准时到达办公室，中午在办公桌前解决午餐，直到晚上7点之前从未离开过办公室，即使回家后，他也总是工作到深夜。布鲁斯为自己的工作时长远超其他同事而自豪，每周工作时间高达80个小时。他承认，这样的工作安排影响了自己和家庭。虽然他的工作成效没有减少，但是漫长的一天让他难以保持注意力，怨恨和急躁感愈加明显。他有3个孩子，分别是7岁、4岁和2岁，自从第二个孩子出生后，他的妻子就不工作了。布鲁斯告诉我们，妻子慢慢开始对他的不顾家有了怨言。布鲁斯对自己没有尽到做父亲的责任尤其感到内疚。布鲁斯的父亲就是一位工作繁忙的企业高管，分给家庭的时间很少。布鲁斯对父亲角色缺失带给他的影响深有体会。于是他找到我们，希望我们能帮他建立平衡的生活，并明确指出不愿牺牲自己所珍爱的工作，损害工作表现。

布鲁斯的解决方案

表现障碍：工作/生活失衡

期望成果：拥有陪伴家人的时间，情绪改善

仪式习惯

10:00 间歇休息：外出擦鞋，或者去星巴克

12:00 办公桌前：一边放音乐，一边吃午餐

15:00 间歇休息：深呼吸

周六 6:00- 8:00 指定工作时间

周日20:00-22:00 指定工作时间

一次性解决步骤

- 在日程中加入辅助性休息时间

世界级运动选手都有严格的休息习惯，这一点打动了布鲁斯。如果短期从工作中抽离可以令接下来的工作更有效率，他愿意尝试培养精力再生的习惯。我们告诉他，关键是要帮他转换频道，真正脱离工作。

当我们问布鲁斯，工作之外哪种活动能让他真正放松，他第一个想到的是

擦鞋。他在曼哈顿中心区的一座大厦上班，离办公室3个街区远就有一家擦鞋店。布鲁斯决定，每周拿出三天，在上午10点离开办公室前往擦鞋店。他很喜欢店里的一位擦鞋匠，那是一位70多岁的老人，很会讲故事。步行到擦鞋店，接受擦鞋服务，与老人展开愉快的对话，布鲁斯在这20分钟里感到了单纯的快乐。因为他没有那么多皮鞋要擦，不能每天都去擦鞋店，所以他在周二和周四上午的间歇休息改成走楼梯间下10层楼，去公司附近的星巴克点一杯自己喜欢的咖啡。

布鲁斯依旧不愿意外出吃午餐，但他同意在15～20分钟的吃饭时间里停止工作。作为古典音乐发烧友，他喜欢戴上耳机，一边听贝多芬或莫扎特的曲子，一边享受食物。布鲁斯还找到了另外的放松方式：瑜伽和深呼吸。下午3点，他会掩上办公室的门，脱掉鞋子，在地板上做10分钟瑜伽练习，然后深呼吸10分钟。他用了4周时间巩固这些新习惯，现在每天都能自觉完成这些事情，不用督促。

布鲁斯还建立了另外两条休息仪式习惯。第一项是针对周末时间的。他并不打算完全丢开工作，但是为了有更多时间陪伴家人，他把周末的工作压缩在两个时间段。一个是周六早上6点至8点间，家人还没有起床，他可以专心做完办公室留下的文书工作。除非事出紧急，布鲁斯决定，周六的其他时间和整个周日白天都不会处理工作事务了。

第二个时间段是周日晚8点至10点，孩子们上床睡觉之后。这时他可以查收两天里积攒的邮件并规划下周的工作。布鲁斯并没有时时刻刻遵循这些新的休息方式。当赶不上工作进度或者面临工作期限时，他偶尔会占用休息时间，或是觉得需要在周末继续工作。但是一旦这样做，他会明显感到更加疲倦，情绪不佳，无法与家人更好地沟通。

间歇性训练的价值

即便适度锻炼有诸多益处，大多数美国人还是几乎不锻炼。原因很简单。提升力量与耐力需要我们踏出舒适区，体验不适的感觉，并且需要持续一定时间才能见效。但大多数人在看到明显的效果之前就放弃了。

力量和心脑血管锻炼会显著影响健康、精力水平和效能表现（见下文）。自肯尼斯·库珀《有氧运动》一书于20世纪60年代中期出版，大众普遍认为，最好的健身方式是持续的有氧运动或稳态训练。但从我们总结的经验来看，间歇训练却优于持续的训练。间歇训练最初在20世纪30年代的欧洲出现，用以增强跑步运动员的速度和耐力。它的核心理论是：如果加入休息时间，身体可以完成更高强度的工作。

人们普遍推崇的健身方式是20～30分钟的连续锻炼，每周进行3到5次，锻炼期间心率达到最大值的60%到85%。最近哈佛大学和哥伦比亚大学发起一项联合研究，研究员发现一系列短时间、高强度的有氧练习——维持60秒左右——加上完整的有氧恢复过程，对于受试者有出人意料的积极影响。只需8周时间，受试者的心脑血管健康水平显著提升，心率变化减少，情绪得以改善，免疫力提高，舒张压也降低不少。

[身体锻炼与效能表现的关系]

- 杜邦公司称，企业健康计划的参与者在6年里缺勤率降低47.5%，比非参与者的病假率低14%，总计少请12 000天假。
- 《人类工程学日报》的调查表明：“健康者的思维明显强于亚健康者。健康员工与亚健康员工同时进行需要注意力集中、依靠短期记忆的任务时，前者比后者的错误率低27%。”

- 一项针对80位管理层人士为期9个月的追踪调查发现，定期锻炼的人比不锻炼的人健康水平提升了22%，处理复杂问题的能力也高出70%。
- 加拿大人寿保险公司发现，63%的健身计划参与者称身体更加轻松，疲倦感减轻，工作时更有耐心，有47%的人称自己的直觉更加敏锐，与上司和同事的关系更融洽，工作的愉悦程度也更高了。
- 联合太平洋铁路公司75%的员工称，定期锻炼能够增强专注力，提高工作效率。
- 通用汽车公司发现，参加健康计划的员工，工作投诉和工伤事故降低了50%，时间损失降低了40%。
- 康胜啤酒公司发现，企业健康计划投入1美元，可获得6.15美元的回报。公平人寿保险、通用磨坊食品、摩托罗拉等公司都报告称，在健康计划中每投资1美元，至少可收获3美元的回报。

我们相信间歇性训练的价值，不仅因为可以保持健康的身体，还因为它可以提高每天应对挑战的能力。间歇性训练长久以来都是我们训练系统的核心组成部分。参与方式有很多，包括短跑、爬楼梯、骑自行车甚至举重，只要能够节奏性地提高和降低心率即可。

间歇训练可以增大精力的容量，
使身体可以承担更多压力，
并且更加高效地恢复

精力消耗和再生都是活跃的生理过程。从我们的经验来看，体能、情感、思维或意志精力的单线化消耗都不利于最优表现，甚至会随着时间出现潜在的危害。全情投入需要快速反应力，应对各种要求的灵活性，此外，还有暂停消耗快速高效地重塑平衡的能力。

增加力量训练提高精力

力量训练与心血管训练同等重要，体力丧失是机体衰老和能力下降的显著特征。过了40岁，如果没有日常的力量训练，人们平均每年失去1/2磅的肌肉重量。20世纪80年代中期，塔夫茨大学的研究员收集了关于老年人力量训练的大量数据。1990年，发表在《美国医学会杂志》上的一项研究针对养老院中年龄86～96岁的老人发起力量训练，所有受试者都有严重的慢性疾病，大多数依靠拐杖才能行走。就在为期8周、每周三次的训练之后，受试者的力量平均增长175%，平衡能力增强48%。

最近，塔夫茨大学的研究员米丽亚姆·尼尔森开展了一项针对年龄在52至70岁之间的女性的对照研究。所有受试者在加入研究之前都不参加运动。一年以后，仍然不做运动的女性骨质密度下降2%，平衡感下降8.5%。而每周参加3次力量训练的女性骨质密度增加1%，平衡感提升14%。从更广的层面来讲，力量训练也已经证实可以全面增强精力、加速新陈代谢并强健心脏。

越来越多的生理学家认为，肌肉损失是导致老龄化虚弱的最主要原因。骨质密度下降会增大骨质疏松的风险，让骨头变得更加脆弱，约有2 500万美国人受到影响。90岁以上人群中，有三分之一的女性发生过髋骨骨折，而髋骨骨折导致的死亡率超出乳腺癌、子宫癌、卵巢癌的总和。

对需要坐在办公桌前工作的大批白领来说，日常锻炼的缺乏阻碍了机体的自然增强，导致年龄增长后，大多数人应对挑战和压力的能力都逐渐下降。

针对士兵在军中接受密集训练的长期研究可以有力地支持我们的结论。约200名士兵参加了布拉格堡肯尼迪特种作战中心及特种作战学校的求生、规避、抵抗和逃生课程（SERE），该课程堪称所有军事机构中最严格、最高强度的训练。

该研究将SERE项目的参与者与其他训练课程的士兵进行比较——对比样本还有军用作战飞机飞行员、新手跳伞员和面临重大手术的平民患者。所有受试者需提供唾液样本，以便追踪他们在重大事件之前、当中及事后的压力荷尔蒙水平。研究发现，SERE项目的士兵总能比其他人更快从压力事件中恢复，准备好迎接下一次挑战。这种差别的关键原因，在于SERE课程是高强度压力与间歇休息交替进行的训练方式。作家摩根三世和黑兹利特这样总结：

严格的训练可以增强一个人在战场上的作战能力……压力免疫法的概念等同于通过接种疫苗预防疾病的概念。免疫系统需要经过适量疫苗注射才能激活，压力免疫也只有面对适当的压力强度才能发生。这个强度足以激活一个人心理和生理反应系统，又不会超出其承受范围。如果压力水平过低，则达不到免疫的效果；如果压力水平过高，就会导致压力敏感，个体在日后面对压力时会难以发挥出正常水平。

简而言之，减少或避免压力与承担过度压力具有同等的损害效果。医学杂志《手术刀》的一篇论文中，研究员调取了15种不同病症的16 000名患者卧床休息的效果，发现无论对于何种病症，延长病人卧床休息的时间都没有明显益处。相反，卧床休息还会延缓康复过程，在某些病例中还会给患者造成更大损伤。这一结论还适用于长期以来一直鼓励卧床休息的病症，包括背痛、心脏病恢复及急性传染性肝炎等。

无法承压的弗兰克

弗兰克最主要的表现障碍是对于压力的容忍限度——他很容易在压力下崩溃并对他人态度恶劣。作为一家大型零售公司新提拔的部门领导，弗兰克总是很挑剔，常常在同事面前大发脾气。尽管才华超群，弗兰克却始终没有发挥出自己最好的水平——来自顶头上司的反馈也证明了这一点。

弗兰克十分不乐意锻炼。作为46岁的壮年，即使他超重20磅，精力也胜过手下的年轻人。他明白锻炼对身体有益，并且在妻子的强烈要求下开始三心二意地慢跑。不出所料，在无聊和不适的双重打击下，他没跑几周就放弃了。

我们对弗兰克保证，定期锻炼可以缓解他的紧张感，帮助他更好地控制情感。我们也指出，因为他从未坚持参加任何健身项目，所以永远看不到效果。弗兰克虽然表示怀疑，他还是勇敢地签下了为期60天的训练课程——这通常也是养成新习惯所需的时间。他还在当地健身馆办了一张两个月的会员卡。

下一步，我们帮弗兰克设计了周期性的锻炼计划。养成健身习惯的诀窍是由浅入深。我们建议弗兰克配置心率监测器以便准确掌握自己的压力-恢复模式。鉴于目前年龄和缺乏锻炼的历史，他的目标心率设定为每分钟140下。（如何设定目标心率请遵循医嘱。）起初，弗兰克发现只需快步走就能达到目标心率。维持目标心率60秒之后他便慢下步伐，直至心率降回90，这样周期模式保持20分钟。这种模式的要点在于，它并非要求身体承担20或25分钟的高度压力，而是教身体如何忍受短时间的压力并有效恢复。

弗兰克几乎立刻发现，这种周期锻炼比之前的慢跑更加有趣，也更容易坚持下来。在新的健身计划里，他可以慢慢提高锻炼的强度，不至于刚迈出一步就想放弃。第二周，他开始每隔一天变换不同的心率区间，某次将心率保持在100至130之间，下次提升至100～140的灵活区间。渐渐地，他需要慢跑才能达到目标心率了。

起初，弗兰克打算每周锻炼三次，分别在周一、周三和周五早上7点半。他选择早晨的理由是如果不尽早锻炼，一天下来就更不想锻炼了。他还计划每周进行两次力量训练。力量训练的本质正是间歇训练——举重数次然后休息。最基础

弗兰克的解决方案

表现障碍：压力承受度低

目标成果：镇静，自控

习惯模式

周一 7:00 走路

周三 6:30 走路，力量训练

周五 7:00 走路/慢跑

周日11:00 间歇训练，力量训练

一次性解决步骤

- 购置心率监测器
- 购置新的运动装备

的力量训练包括身体6个主要部分——肩膀、背部、胸部、二头肌、肱三头肌和腿部，每个部分在适度负重下做一组8至12个重复动作。我们的目标是让弗兰克逐步承受更多压力，又不至于让他感到劳累、疲惫、想打退堂鼓。

训练进行到第四周时，弗兰克需要赶上工作进度，不得已连续三天漏掉健身课程。让他惊讶的是，自己竟然很想念锻炼的感觉。所以他决定这周日去健身房补课，即使这个时间并不在原本的计划之内。他报名了动感单车课程，发现自己很喜欢。动感单车是在一辆静止的自行车上随着音乐加速或减速，也是一种间歇训练。他很快掌握了动作要领，并且很享受单车伙伴之间的情谊。他决定把周日课程加入计划表，并在单车课程后安排了力量训练。

弗兰克13岁的儿子喜欢骑单车。随着天气逐渐转暖，弗兰克提议他们在周六早晨一起出行。他们会骑到10英里外的小镇，吃过早餐再骑回家。弗兰克发现这是陪伴儿子的绝佳时机，于是提议他们下周继续。不需要多做考虑，单车出行变成了父子俩每周的例行活动，对两人来说这都是弥足珍贵的时光。

8周训练结束了，弗兰克养成了每周锻炼5次的习惯，并重新找到了生活的意义。我们说过，身体锻炼是思维和情感精力的极佳源泉。弗兰克明显感到自己在工作中的脾气温和了许多，白天有更多精力处理工作，晚间情绪也好转起来。

你要记住这些要点

- 体能精力是生活最基本的精力源。
- 体能精力通过氧气和葡萄糖的化学作用获得。
- 体能精力最关键的两项调节器是呼吸和进食。
- 每天吃5～6顿低热量高营养的食物，能够为机体持续供应葡萄糖和必需的营养。
- 每天喝1.8升的水是有效管理体力的关键要素。
- 大多数人需要每晚7～8小时的睡眠，方可正常运作。
- 早睡早起可以优化效能表现。
- 间歇训练比稳态训练在锻炼体力方面更有效，在体力恢复方面更高效。
- 为了保持全情投入的状态，我们必须工作90～120分钟就休息片刻。

Chapter 5

EMOTIONAL ENERGY: TRANSFORMING THREAT INTO CHALLENGE

第五章

情感精力——把威胁转化为挑战

有一天罗杰觉得特别焦虑，与同事沟通时气势汹汹。从精力角度来看，负面情感代价昂贵且效率低下。对于领导者和管理层来说，由于负面情感极易传染，如果我们激起了他人的恐惧、愤怒和戒备心，也等同于损害了他们的工作能力。

相对而言，正面情感可以更有效地支配个人表现，所有能带来享受、满足和安全感的活动都能够激发正面情感。从更实际的角度看，快乐本身便是奖赏，也是维持最佳表现的重要因素。

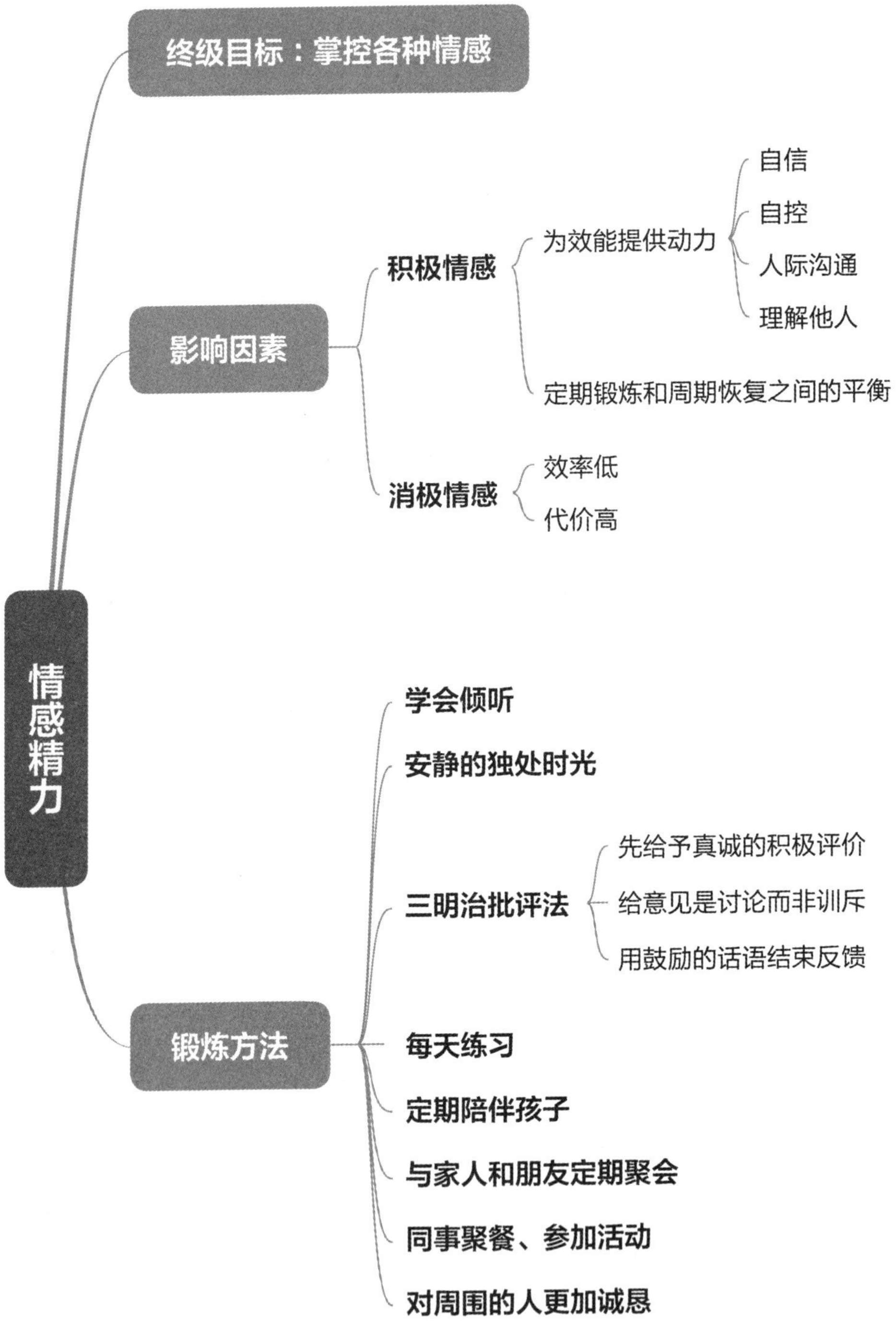

情感精力
终级目标：掌控各种情感
影响因素
积极情感
为效能提供动力
自信
自控
人际沟通
理解他人
定期锻炼和周期恢复之间的平衡
消极情感
效率低
代价高
锻炼方法
学会倾听
安静的独处时光
三明治批评法
先给予真诚的积极评价
给意见是讨论而非训斥
用鼓励的话语结束反馈
每天练习
定期陪伴孩子
与家人和朋友定期聚会
同事聚餐、参加活动
对周围的人更加诚恳

体能精力是点燃情感技能和才华的燃料。为了发挥出最佳水平，我们必须调动积极愉悦的情感：喜悦、挑战、冒险和机遇。而因威胁或匮乏而滋生的情绪——恐惧、沮丧、愤怒和悲伤——本身对积极情绪有害，与压力荷尔蒙的分泌息息相关，主要是皮质醇。在我们看来，情商的意义在于有技巧地管控情感以保持正面积极的精力，并最终为全情投入服务。在实际应用中，自信、自控、社交技巧及共情能够牵动积极情感的“肌肉”。通俗来说，就是耐心、开放、信任和喜悦。

若要调动情感肌肉塑造最佳表现，需要创造定期使用和间歇恢复的平衡。在压力之下，我们往往会失去心脑血管能力或者耗尽二头肌的力量，同样，如果长期消耗情感精力却不容它恢复，情感能力一样会衰弱。当我们的情感肌肉虚弱，不能满足生活要求，比如缺乏自信或缺乏耐心，我们就必须通过一定的模式进行系统训练，使之拥有超出当前承受压力的能力，等待恢复和再生。

体能和情感精力密不可分。如果压力倍增而体能不足，我们会产生一种紧迫感，进入高-负面的象限，时刻提醒自己有些需求还没有满足。这就是罗杰的现状，他忽视了体能的再生，因此可用燃料随着时间日渐减少，而工作和生活中的压力却在成倍增加。不被老板看重、担心工作、与家庭脱节，罗杰的情感开始被焦虑、沮丧和戒备心理掌控。

从精力角度来看，负面情感代价昂贵且效率低下。它们会快速耗尽我们的精力储备，好比一辆高油耗的汽车。对于领导者和管理层来说，由于负面情感极易传染，更是具有双倍的危险。如果我们激起了他人的恐惧、愤怒和戒备心，也等同于损害了他们的工作能力。长期的负面情感——主要是愤怒和压抑，还会导致一系列生理紊乱和疾病，小到背痛头痛，大到心脏问题和癌症。

流行病学家大卫·斯诺登在他的研究中详细记录了情绪与疾病的相关性。他以圣母修女学校会众的678名修女为样本，着意于找出患阿尔茨海默症的修女与未患该病的修女的不同之处。他请每位修女写一篇文章，总结从她们20岁到现在的生活。通过对比，斯诺登发现文章主要内容为正面情感（幸福、爱、希望、感恩和满足等）的修女寿命更长，成就也更多。使用最多正面情感语句的人比使用最少的人在任何年龄段的死亡风险都要低一半。这一结果与其他的研究结论一致——长期抑郁会成倍增加患阿尔茨海默症的风险。这些结论在学术上和生活上给予斯诺登许多启示。“我现在会有意让自己快速走出苦闷，重塑心理平衡，”他说，“尽量避免自己陷于负面的情绪中。我的目标是让身体尽快恢复正常，更加健康。”

而罗杰还没有体会到严重的健康问题，即使他发觉头痛逐渐频繁，背痛也会分散他的注意力。与我们合作之后，罗杰开始注意到负面精力对生活其他方面的影响。有一天他觉得特别焦虑，既不能保持专注，也没法坚持工作。当他变得急躁时，与同事沟通时也带上棱角，导致他的脾气更差。

如果他被挫败感笼罩，则刚到中午就感觉精力不足，缺乏工作的动力。

负面情感对表现的影响在体育界尤为常见。我们来对比一下网球巨头麦肯罗和康纳斯的事业。在整个职业生涯中，麦肯罗发挥从来都不稳定，不论是自己的失误还是不满判罚，都会让他愤怒而沮丧。康纳斯在早期阶段也同样不稳定，但是随着年龄和阅历的增长，他开始带着愉悦和激情打比赛。而麦肯罗则似乎极少能够享受比赛，年龄大了脾气更坏。康纳斯的精力源于机遇感和冒险，而麦肯罗的精力则来源于防备的姿态。他看上去总是要找人拼命。

从某种层面来看，麦肯罗的负面情感似乎并没有影响他的表现。康纳斯或许享受了更多乐趣，但两位运动员都曾连续几年排名世界第一，并赢得无数大奖赛。那么，正面情绪能更好支配表现的证据在哪里？答案是持久性。在他39岁生日时，康纳斯仍打进了美国公开赛的半决赛。虽然很多人说他的天资略逊一筹，但他直到40岁才结束职业生涯。麦肯罗则在34岁时就退役了，比康纳斯早了6年。从根本上讲，康纳斯比麦肯罗更加高效地管理情感精力，因而能够长期保持高水准表现，也更享受比赛的过程。

如今，麦肯罗自己也发现了在高-负面象限打比赛的代价。他也将自己与其他情绪掌控更好的选手作了比较："我的特长，当然就是不高兴。它对我来说是不是利大于弊？我想不是。我的父亲终究是对的——如果我不陷入那样的情绪，表现会更好。但是我却不能信任自己的才能，或者任何事物。"麦肯罗现在认为，对自己的愤怒放任不管，是导致"人生最大损失和最痛苦的失败"的关键因素——1984年法国公开赛的决赛中，麦肯罗对阵伦德尔，开盘连赢两局，却输掉了比赛。"我在法国人身上浪费了太多精力，满腔怒火。"他在最近的自传中写道，并把这次经验带入了下一场比赛——温布尔登公开赛。"从全英俱乐部的首场比赛开始，我决心不让任何事妨碍我向罗兰加洛斯球场（法国公开赛的场地）复仇。”麦肯罗理所当然地赢得了温网的比赛，在整个比赛过程中，也成功地控制了他的脾气。

如果正面情感可以更有效地支配个人表现，它对团体必然也有积极的影响。调取了足够多的经理和员工样本之后，盖洛普公司发现，员工和顶头上司之间的关系比其他因素更能决定员工的效率。盖洛普公司还进一步发现，员工的工作动力包括感受到主管或其他同事的关心、在最近7天内受到认可或表扬，以及工作环境中有人不断鼓励他们进步。换而言之，保持正面沟通是有效管理的核心。

多年来，罗杰在工作中的最大动力就源自老板的关心和信任。有了老板的支持，他对于自我价值越来越有信心，对待他人越来越友好，最终成为了一名成功的销售员。一次成功可以带动多次成功，并再度激发正面情绪。反之亦然。老板越来越忙，对罗杰的支持减少，对工作的享受感和安全感消失了，他的自信和投入也减弱了，最终影响了他的表现。

当自己的情感精力在老板的影响下变得负面时，罗杰对下属也施加了同样的影响。请思考你视作人生导师的人。他/她的精力是正面的还是负面的？当你感到充满动力、备受鼓舞，是因为受到了鼓励、支持和挑战，还是因为责备、批评或威胁？

如何获得正面情感

单纯变换频道就可以有效增加情感精力。过去10年中，让我们既惊讶又失望的是，大部分人做事几乎极少拥有喜悦的情绪，也无法从中获得情感的滋润。我们常常问客户，他们在生活中是否经常体验到愉悦或深度满足的感觉？最常见的答案是“极少”。请思考一下你的生活。每周你会拿出几个小时仅仅做一些有趣放松的事情吗？有多少时间你感到自己彻底的放松？你上一次摒弃杂念、完全投入某件事情是什么时候？

所有能带来享受、满足和安全感的活动都能够激发正面情感。由于人们兴趣各异，这些活动可能是唱歌，园艺，跳舞，亲热，练瑜伽，读书，体育运动，参观博物馆，听音乐会，或者仅仅是在忙碌的社交之后静坐自省。我们发现，关键是要对这些活动专注且重视，并将投入在它们上面的时间视为重要而珍贵。不仅快乐本身便是奖赏，从更实际的角度看，快乐也是维持最佳表现的重要因素。

情感再生的深度或质量则是另一码事，它们取决于活动本身的吸引力、丰富程度和生动性。例如，看电视是很多人寻求放松的首选。然而从科学角度看，看电视对思维和情感的影响等同于垃圾食品对身体的影响。看电视或许可以带来暂时的恢复，却缺乏营养，容易使人消耗过度。心理学家米哈里·契克森米哈等发现，长时间观看电视会导致焦虑增长和轻度抑郁。相比之下，情绪恢复的来源越丰富、越有内涵，我们越能补充自己的精力储备，恢复力越好。有效的情绪再生使我们的表现更高效，在压力之下尤为明显。

焦虑生硬的艾丽卡

艾丽卡是一名成功的律师，就职于一家大型企业。她抱怨说工作总是无穷无尽。她担忧自己的工作质量，并为挤不出时间陪伴11岁和13岁的儿子而自责。生活之于她是一系列永无止境的义务，她试图每一项都认真对待。为了控制焦虑，艾丽卡细心地规划时间，对自己要求严苛。她的工作非常专业，人际交往却表现得生硬而唐突。她跟搭档互相敬重却关系疏远，甚至有许多同事在努力避免与她分配到同一个项目组。

艾丽卡的问题并不是工作能力不足，而是精力再生不够。就像许多职业女性一样，她从来没有时间留给自己。我们请她回想自己狂喜的经历，她首先想到的是两个孩子的出生，然后就是高中的毕业舞会和结婚当天。这些事情没有一件是在最近十年里发生的。艾丽卡不好意思地承认，仅仅是娱乐和休息的念头就足以让她感到不舒服。即使全家一起外出度假，她也总是充当导游的角色，一心游览更多的景点，而不是满足于躺在沙滩上放松一下。

我们建议，艾丽卡其实可以在工作、生活和人际交往中变得更有效率，如果她能够在每项职责间留出空间享受一下生活，就可以补充情感精力。她已经养成了清晨锻炼的习惯，但是算不上休闲娱乐。每周有四天，她会在上班之前

艾丽卡的解决方案

目标肌肉：灵活性

表现障碍：焦虑，生硬

期望成果：享受，平衡

习惯养成

周一、周三、周五：在植物园午餐

周二：午间的舞蹈课程

周六9:00-11:00：园艺

一次性解决步骤

- 报名舞蹈课程
- 选择3本小说阅读

去健身房，强迫自己在台阶机或跑步机上待满30或40分钟。她觉得这样锻炼很单调，而且不愿意早起就去健身房，还要赶在孩子起床之前回来。锻炼变成了另一项义务。

我们问艾丽卡有没有真心喜欢的体育活动，她说小时候学过舞蹈，虽然因为芭蕾的严格训练而中止，她依旧热爱其他类型的舞蹈，比如现代舞、爵士舞和非洲舞。我们建议她每周用舞蹈课代替一些常规锻炼，最好安排在下班之后，为工作到家庭的转变做好准备。艾丽卡同意放手一试。很快，舞蹈课变成了她每周最期盼的事情，是她脱离工作的有效方式。

随着进一步了解，我们得知艾丽卡年轻时的第二爱好是小说。然而成年之后，她却很少有机会深入阅读。走进自然也会让她感到深度的放松，但是苦于挤不出时间。艾丽卡决定设计一种方案把两个爱好结合起来。即便身处气候温暖的地区，她也已经连续多年为了节省时间在办公桌前吃午饭了。她打算午间抽出45分钟，前往离公司5分钟路程的一家植物园，坐在里面的长椅上吃午餐、读小说。除此之外，周六早上还要给自己安排2个小时做园艺。

艾丽卡告诉我们，起初这些新习惯让她难以接受，有种上学时翘课的感觉。但是舞蹈课、园艺和公园午餐带给她的感觉如此美妙，对她产生了莫大的吸引力。这种积极影响自然带进了她的工作中。她不再对庞大的工作量心生怨恨，开始从工作带来的思维挑战中感到另一种满足。她依旧是一名严格的监工，但她发觉，自己也可以为同事提出建议和指导。她越能鼓舞他人，自己工作起来越是高效。晚上回到家——尤其是在上完舞蹈课以后，面对丈夫和孩子她感觉更加放松了。在不上舞蹈课或不去公园午餐的时候，她能够明显感觉出在焦虑程度和下午的精力质量上的差别。

学会从跌倒处站起

有时我们会不由自主地经历情感风暴，接受人生汹涌而来的挑战。让自己被风暴淹没还是在风暴中成长，取决于我们的情感管理方式。

大概没有任何情感试炼比2001年9月11日早晨的那一场更为严峻了。杰弗里是我们的长期客户，他是一名金融服务公司的总经理，公司总部设在双子塔对面的办公楼里。当第一架飞机撞击大楼时，杰弗里满心恐惧地从46层办公室的玻璃窗向外张望。他们最大的两家客户的公司总部就在那两栋建筑里。当杰弗里帮忙疏散公司员工时，他惊恐地意识到许多朋友和同事很可能就困在那两栋燃烧的建筑里。当第一座塔楼倒塌时，他已经走到两个街区以外。最终他步行7英里回家，与妻子和10个月大的女儿抱在一起，泪水止不住地流。“当时真是完全控制不住了。”他告诉我们。

接下来的几周时间，杰弗里试图让自己重新振作起来。虽然他已经习惯了每天健身，但起初还是很难坚持下去。但他很快意识到，锻炼能够让他感到生活如常，并且提供情感安抚。考虑到肩上的压力，杰弗里意识到他还需要更多的精力。他决定增加锻炼强度。他还保证每晚陪女儿玩耍，即使工作结束后他疲倦又抑郁。这一方面意味着他要放下其他看似紧急的需求，另一方面也让他从女儿身上得到情感的抚慰。或许最突出、最让他铭记于心的经历，是众多朋友和同事的离世。在“9·11事件”之后的三个月里，他每周至少出席一次葬礼或者纪念活动，纪念对象都是20多岁、30多岁的年轻人。这个过程很痛苦，让人极度悲伤、心生疲惫，但杰弗里渐渐懂得，这也是疗伤和成长的过程。

“在某种程度上，人们很难在经历葬礼后感觉一切如常。”杰弗里告诉我们，“但是我发现自己开始珍惜和尊重对我来说非常重要的人们。它让我有机会接触与我有相似经历的人们，有机会向朋友的家人表达我深切的哀悼。许多葬礼到最后变成了对生命的庆祝，这不仅震撼人心，也是一种平衡。我感觉自己也变得坚强起来，或许是因为我也花了许多时间平复情绪。”

“悲伤还会时常来袭，但我从未如此清醒地看待人生。有一些同事深受打击，‘9·11’之后再也没有来公司上班。几年来我一直参加培训，看似是学习如何平衡压力，实际上它帮助我超越自己，成为更好的人。我现在明白了，人生会有几次特别重大的时刻，你所依赖的事物决定了你如何从废墟中站起来。9月11日就是其中之一。”

让人际关系促使精力再生

达到情感精力消耗和恢复的动态平衡比起体力层面困难许多，但对于优化表现和全情投入却同样重要。比如维持一段健康的友谊可以带来积极的情感精力及其更新。盖洛普公司发现，保持优秀表现的诀窍之一是在工作环境中至少交一位好朋友。一段稳固的关系包括付出与回报、倾诉与倾听、珍视他人和被人同等珍视。如果一段关系中总是付出而得不到相应的回馈，不免会感到空虚和失落。以自我为中心的关系，也称不上真正的情感关系。

37岁的芭芭拉走进了我们的办公室。她是一位营销主管，工作时间很长，一部分是因为她没多少朋友，也没什么业余爱好。工作结束后，她总是感到筋疲力尽，甚至悲哀绝望。通过我们的引导，芭芭拉看到了自己的表现障碍，意识到在日常生活中加入精力更新过程可以改善心态。于是她报名参加了健身房的有氧运动课程。每天下班之后她都要锻炼。充满挑战性的身体锻炼总能带动积极的情感再生。随着芭芭拉的身体越来越健康，情绪越来越高涨，她更加自信能更好地处理工作压力，面对挫折。

让她感到惊喜的是，最强大的情感精力来源于她在健身过程中建立的新友谊。有氧课程提供了人际交往的平台，她开始跟其他同好频繁聚餐。在工作中感到孤立无援、不被肯定时，与新朋友交流会带给她欢笑和轻松。她也开始努力回馈朋友们。在友谊的滋润下，她获取了丰富的情感精力，并且成功转化为工作的动力。早晨上班时她的情绪更加昂扬，工作时注意力也更容易集中了。与同事和老板相处时，她也变得更加温和、放松，人际关系有了很大改善。若是连续工作很久，芭芭拉还是会控制不住情绪，但总体来讲，积极情绪会自动保持。芭芭拉也发现生气、怨念和沮丧的情绪越来越少，在工作上也更能够积极投入。

缺乏深度交流的杰德

杰德的问题并非是生活中缺乏情感关系，而是对情感关系投入太少。48岁的他是一家中型广告公司的创意部主管，魅力十足，思维灵活，是一位十分受欢迎的成功人士。但是他感觉自己工作时越来越不在状态，就像在神游。他告诉我们，自己生活最大的缺口就是情感关系。不管是同办公室的同事和下属，还是与家里的妻子和孩子之间，他感觉自己跟外界的联系变得淡薄，流于表面。妻子总是抱怨他不顾家，这种不满已经开始影响他们的婚姻关系。他们婚后育有一女，女儿已经11岁了，杰德担心自己是不是也疏远了孩子。在工作中，他和同事、下属的关系都很愉快，但是从未和他们深入交流过。

杰德决定督促自己对身边重要的人投入更多时间和精力。改变首先从他与妻子的关系开始，他建议两人在周六上午抽出1个半小时，聊聊一周里发生的事情。他还建议将每隔一周的周三定为“约会之夜”，如果其中一方周三要出差，就在下周重新选个日子。

杰德的解决方案

目标肌肉：亲密度

表现障碍：情感关系缺乏深度

期望成果：与他人深层次交流

仪式习惯

周一晚上：和女儿吃晚餐

每隔一周的周三晚上：与妻子约会

周六8:00-9:30：与妻子安静交谈

周五13:00-14:00：与下属共进午餐

每月第一个周一18:00：团队建设

杰德也打算每周一带女儿外出晚餐，让妻子有时间参加社区大学的网页设计课程。杰德很快发现，与女儿独处时也乐趣无穷，显然她也很珍惜同父亲交流的机会。杰德从妻子和女儿那里获得的情感精力给工作带来更多轻松感。

至于办公室的情况，杰德决定每周五与一位下属共进午餐。下属们起初非常不安，因为上司从未给予他们如此的关注。但他们慢慢发现，上司好像也没有其他意图。杰德与下属的关系越来越紧密，还有人直接当面感谢他花时间与他们相处。几个月后，杰德又发起一项新计划。每月一次，他会邀请同事下班后参加集体活动——打保龄球、聚餐或者滑冰，让大家在私人时间里聚会。通过主动而系统地投入时间和精力，杰德与家人越来越亲密，工作也越来越投入。

积极扩充情感容量

即便我们定期更新情感精力，也不得不应对超出情绪范围的突发事件。如果不超越极限，身体的负重能力只会停留在有限的范围。同体力一样，情感容量也有限度，只能够帮助人们容忍某些事情而不变得消极负面。锻炼情感肌肉等同于锻炼身体肌肉，也需要迈出当前的舒适区，并随后进行休整，恢复精力。

论及全情投入和最佳表现的障碍，没有什么比不安全感和自卑心理更防不胜防、令人烦恼了。这些情绪产生的原因固然复杂又微妙，但积极的精力仪式习惯依然可以帮助人们树立自信。

不安的朱迪思

朱迪思经营着一家非常成功的设计公司，但她却成天担心被人揭发，称作骗子。她觉得自己就是骗子，认为任何了解她的人都不可能喜欢她。因此她十分抗拒接洽新的客户，只靠口碑相传做生意。她也不愿对固执的客户说出自己的想法，害怕出现对抗的场景。长此以往，她越来越感觉自己不可靠，有时也无法在作品中为客户呈现出自己敏锐和复杂的设计思路。

朱迪思的解决方案

目标肌肉：自信

表现障碍：缺乏安全感，自卑

期望成果：拓展业务，相信直觉

仪式习惯

周一、周三9:00：给潜在客户打跟进电话

周五14:00-16:00：语言课程

向所有客户反馈真正的设计方案

我们开始帮助朱迪思转变心态，不再担忧他人的看法，每天依照自己的原则生活。她认为自己最看重的两种品质是真诚和勇气，但是她并未身体力行地实践它们。一直以来她都能够通过圈子或者工作认识很多人，也能发现潜在的客户。但只是因为害怕被拒绝，她从来不敢跟进客户。因此，她为自己制定的第一个新仪式习惯就是在周一、周三上午9点打跟进电话，发掘潜在的商业机会。

改变实施后，朱迪思学会了用拨出电话的举动衡量自己的勇气，而不是用某个回绝电话来评判自己的成就。她也决心在设计方面与客户发生分歧时说出自己的真实想法。

同时，朱迪思也决心更加真诚地面对周围的人，而不是像过去那样一味取悦他们。让她大吃一惊的是，这些工作和生活的转变收获了许多良好的反馈，大大超出了她的预期，让她松了口气。绝大多数客户都很欣赏她清晰的思维和明确的思路，不过，当面对刁钻的客户时，朱迪思还会不自觉地退回原来的习惯，附和

客户，避免冲突。然而，朱迪思渐渐发现，因为她已经不再那么看重别人对她的看法，她从自己的原则里获得了勇气和精神支柱。

朱迪思建立的第二个仪式习惯是为自己一直关心的某项事业付出时间。她认为，为他人付出是她非常愿意投入时间和精力的事。她最后选择的活动给了她一个机会，发挥一项多年搁置的专长。朱迪思本人语言天赋极高，可以流利地讲法语和西班牙语。她家附近的镇上公立高中有一大批讲西班牙语的学生需要英语辅导，朱迪思自愿每周抽出一个下午去授课，并获得了珍贵的回报——施展才华的机会，学校管理层的感谢，以及众多学生的爱戴。虽然这项义务工作与她的工作内容并无关联，但它带来的自我肯定毫无疑问会影响她的一生。不仅表现在主动发掘新客户的行动上，也流露在向客户交付的设计作品展现的浓浓自信里。

不会倾听的阿伦

我们的客户在工作方面的首要障碍之一就是与老板和同事相处。同理，领导者和管理层面对的主要挑战之一也在于同下属的关系。

阿伦是一家大型消费品公司的市场部总监，凭借敏锐的思维和超强的创意为人称道。他喜欢主导自己参与的每个项目，在他看来，这仅仅是为了取得最好的成效而已。但是他的同事和下属却认为自己不受重视，甚至觉得受到了侮辱。阿伦始终没有发现别人对他的不满。纵观他的全情投入问卷数据，他的聪明与创意的确得到了大家的认可，但大家同时也评价他疏远、不爱交流、行事挑剔。他本能地将这些反馈归咎为自己高标准严要求的风格，并对自己部门高居不下的人事变动率也给出相同的解释。他先是告诉我们，跟下属“一起玩”没有意义。随着我们进一步追问，他承认自己不习惯亲密的关系，并且觉得闲聊会尴尬。他也头一次意识到，当他以强硬姿态加入某个合作项目时，从来都没想过别人的感受。

有些人在某些情感方面的确比他人更为生硬，但这并不妨碍他们锻炼这块情感肌肉，提高它的灵活性。“共情”一词根本就不在阿伦的情感词典里 。如果要他抛开自己看待世界的角度，势必需要大量的反复练习。我们首先求助于阿伦的逻辑思维，给他的建议是，只有真正学会倾听他人，不插嘴，也不作武断的判定，他才能公平地评判他们的能力。如果他的行为让人们认为他并没有真心倾听，人们怎么会接受他的鼓励，创造出最好、最有创意的作品呢？

阿伦的解决方案

目标肌肉：共情

表现障碍：糟糕的倾听技巧，缺乏共情

期望成果：有深度的人际关系

仪式习惯

下午2:00：与一位员工聊天，从倾听而非讲话开始。用自己的话向讲话人反馈，转述认为自己听到的内容。使用类似“我认为我明白你的意思”的表达方式。

若要做到真正的共情，我们需要放下自己的既定安排，至少是暂时放下。

阿伦决定建立新仪式习惯，更加专注地倾听他人，设身处地理解谈话对象。他改变了会议方式，从积极倾听别人的意见开始，而不是急于提出自己的观点。他会不时用自己的语言总结别人的讲话内容，而不是加以批判。阿伦觉得很受启发，他发现并不需要赞同他人才能尊重异见。他用“我明白这为什么说得通了”和“我理解为什么我的话会让你这样想”等表达方式来显示尊重。当需要发表自己的看法时，他会选择“我建议换一种方式看待这个问题”或者“我在想还有没有其他方法”的表达方式提出建议，并且试图降低音调。他希望看到自己言语风格的改变会给办公室内的人带来怎样的影响。

对个人风格做出巨大改变非常困难，阿伦在习惯建立初期的几周里特别吃力。依照我们的经验，还有多项研究的结论显示，挫折是任何重大变化中无法避免的一部分。做出改变的决心仅仅是变革的第一步。研究员詹姆斯·普罗查斯卡发现，人们做出重大生活改变时，通常需要失败多次才能获得持续的成功。

由于阿伦最初应用这些仪式习惯时感到无比尴尬，他决定有选择地使用。一个月后，他发现自己习惯了在倾听过程中不时点头，总结别人的讲话，这对他人产生了积极的影响。他能注意到人们身体语言的变化——坐得更直，身体前倾，表现得更加积极和活跃。与人交流发生本质变化让阿伦非常高兴。他越是专注倾听，人们越会自由表达想法。他也开始意识到，自己的想法并非总是全面准确的。

阿伦还决定每天下午走进办公区，与一位下属随意聊天。起初他感觉很别扭，于是尽量将聊天时间控制在3～4分钟，话题也都是关于工作。即便如此，阿伦还是发现聊天的下属很高兴自己得到了上司的关注。他们的认可让阿伦放松下来，停留的时间延长至10～15分钟。对于阿伦来说，这样的对话也变成了一种放松方式，让他走出繁重的工作，变换思路。他注意到，一些高级管理人员也更频繁地来到办公室讨论工作，而不是像之前一样发邮件汇报。

在公司工作多年，阿伦发现系统地建立用心倾听的能力，并与同事进行更为密切的交谈，让他头一次兴奋地发现了别人意见的深度和丰富性。他意识到还有很长的路要走，但是他觉得自己已经成为了一位更有效、更能激励人的领导。

急躁而挑剔的保罗

保罗大方承认自己急躁、易怒，对健身俱乐部的员工要求严苛。“这样可以帮助我们完成更多的任务。这就是我的风格，从不拐弯抹角，以结果为导向。我们是客户服务行业，细节决定成败。如果不能追责到人，公司就不会有卓越的成绩。”

随着进一步询问，我们请保罗思考他的管理方式可能产生的后果和影响。比如，他会不会对投资者和客户表现出不耐烦？他告诉我们，显然不会，因为不耐烦会赶跑顾客。我们问他为何认为自己的态度不会对员工产生同样的负面效应？为什么他绝不会这样对待顾客，却如此对待员工？

保罗在妻子奥莉维亚的陪伴下来到我们的项目。她指出，保罗也将自己的愤怒和焦躁带回了家。12岁和14岁的儿子都很怕他生气爆发，她也一样。她提到一桩两年前的事件，当时还是10岁的儿子不小心把外套忘在了飞机上，保罗当时就对孩子火冒三丈。虽然他很快就不发火了，但奥莉维亚确定孩子从未忘记过。这件事对保罗触动很大。他告诉我们，他也一直深深担忧自己与孩子之间的关系。他意识到，自己希望两个儿子感受到支持和鼓励，而不是挫败和批判。他渐渐明白，对待员工也是同样的道理。

我们开始深入探究，是否有某种身体层面的因素影响了保罗的行为。作为健身俱乐部的老板，他一直保持着傲人身材。同时，他一直坚信，若要在激烈竞争中立于不败之地，兑现承诺，唯一的方式就是不断突破极限。为了保证每天的锻炼量，他从早晨5点起床就开始锻炼。然而当他仔细观察自己的焦躁和处事反应时，发现它们是在一天里慢慢积累起来的。我们认为，他激烈的工作方式或许也是诱因之一。我们鼓励他把健身移到中午，不仅能维持他的体力，还能为思维和情感留出恢复的空间。

保罗本不愿占用中午的时间，经过我们劝说后勉强同意一试。他立刻就发现，这项改变对精力的影响是显著的。过去，他习惯在早上结束锻炼，带着精神抖擞的面貌开始工作。现在这股正向精力在烦躁不安的中午注入，让下午充满了活力，情绪也变得更加积极。

除此之外，保罗其他的习惯也是根深蒂固的，尤其是在压力之下的反应。因此他决定每天尽量找机会培养耐心和善意，比如在机场排队、遇到堵车、对员工或某位家人不满的时候，他都会告诫自己“心平气和”。这条诫语能让他立刻清醒过来，明白自己该怎样做事。实际上，它变成了锻炼情感能力的机会。

保罗的解决方案

目标肌肉：耐心

表现障碍：急躁，过于挑剔

期望成果：更积极的人际关系

仪式习惯

面对压力时念出“心平气和”的诫语

腹式深呼吸，放松肌肉

将威胁变为机遇

用三明治技巧给出反馈

为自己的行为负责

一次性解决步骤

将锻炼从早晨5点移到午间

当愤怒逐渐累积时，保罗会选择用腹部做深呼吸，放松肩膀和面部肌肉，抑止自己一触即发的情绪。当情绪逐渐平复下来，他会想办法将沮丧的感觉用一种大家更容易接受的方式表现出来——通常是自嘲的方式。

如果保罗认为有必要提出批评的意见，他会采用“三明治”技巧。首先真诚地对该员工的良好表现给出正面评价，然后以讨论而非说教的形式提出批评意见——因为自己的看法或许并非完全准确，最后以鼓励结尾。用“三明治”的方式提出意见不仅让他看起来充满善意和关怀，而且更容易让员工听取他的建议，不会产生逆反心理。

冰冻三尺非一日之寒，但是保罗发现，如果他能控制情绪，不急躁也不武断，心情也会好起来，即使没得到想要的结果时也是如此。如果他没控制住，对某人发脾气或言辞尖刻时，他就会加上另一种仪式习惯：尽快道歉并负起责任。

学会接纳不同的情感

情感容量的最高境界，是足以驾驭所有情感的能力。因为我们的思维很难处理相反的冲动，我们倾向于选择好的一面，重视某些情绪技巧，忽略甚至看轻另外一些。比如，我们可能过于看重强硬而蔑视温和，也可能恰恰相反，其实，这两种品质对情感肌肉同等重要。还有很多互为对立的品质也是如此：比如自控与积极，坦率与感伤，慷慨与节俭，开放与审慎，激情与淡漠，耐心与急迫，谨慎与鲁莽，自信与谦逊等。

如果花时间评估目前的情绪广度，你很可能会发现自己在某方面的情感肌肉远超出其对立面。请留心你对那些对立品质的评价和态度。只有接受那些看似相反的品质，不逼迫自己在其间二选一，才有可能获得最深刻最丰富的情感能力。情感层面的全情投入需要遵循斯多葛学派哲学家的"破格文体"——美德的共同存在性。从这一角度看来，没有一种美德是不依赖其他品质而成为美德的。所有的美德都有条件。例如，毫不留情的诚实只是残酷而已。

我们都是复杂和对立的结合体。因此，我们必须在失衡之前建立足够强大的情感能力。我们的终极目标是能够在对立面之间自由灵活地转换。

你要记住这些要点

- 为了达到最佳表现，我们必须汲取愉悦、积极的情感，享受挑战、冒险和机遇。
- 正面情感精力的关键因素是自信、自控、人际关系与共情。
- 负面情感也可以维持我们的生活，但相比于正面情绪代价巨大，事倍功半。
- 在高强度压力下调动积极情感的能力是领导力的核心。
- 利用情感肌肉支配表现，需要依靠定期锻炼和间歇恢复的平衡。
- 任何带来享受、令人满足和安心的活动都可以作为情感的再生和恢复方式。
- 练习耐心、共情、自信等情感肌肉的方法与锻炼二头肌或三头肌的方法相同：越过当前的极限，留出充足的恢复空间。

Chapter 6

MENTAL ENERGY: APPROPRIATE FOCUS AND REALISTIC OPTIMISM

第六章

思维精力——保持专注和乐观

20世纪80年代末有一天，中量级拳击冠军曼奇尼打来电话说：“今天我在赛场上产生了一个消极想法，你不明白，对我来说一个消极想法就足够被一拳打倒了。面对每天接踵而至的挑战，消极思维会不可避免带来损害。”

为了发挥出最好的水平，我们必须保持专注，在整体方向和局部目标之间灵活游走。我们还需要调用现实的乐观主义，一方面看清事物的本质，另一方面还能朝着目标成果积极努力。

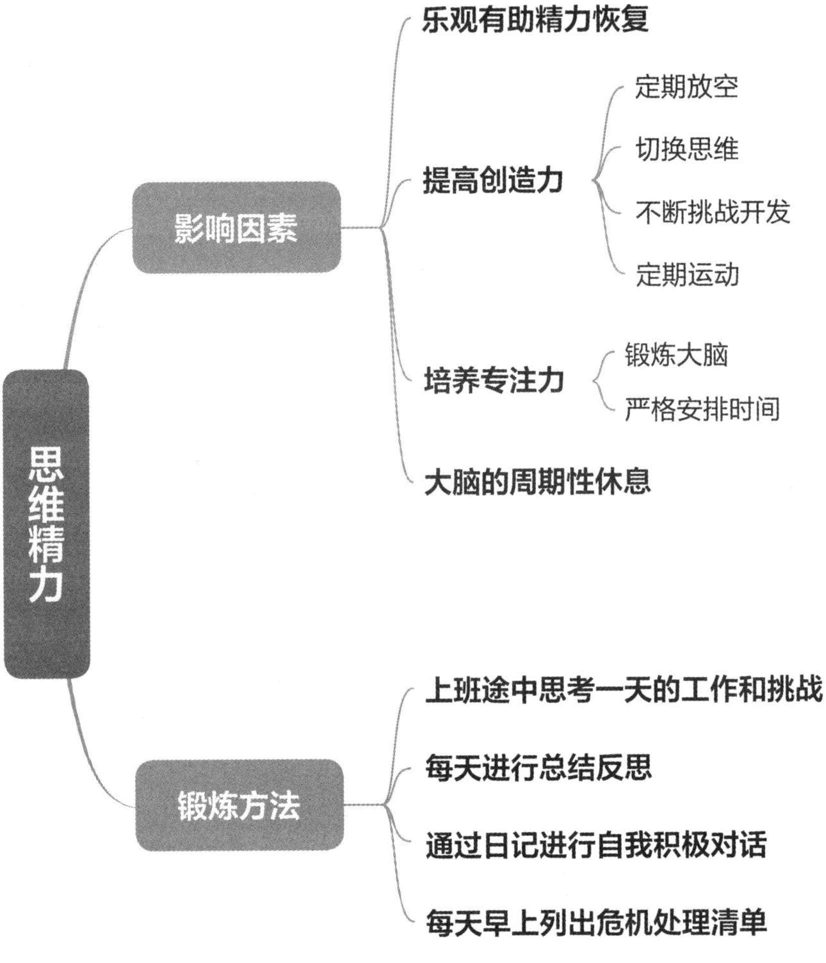
思维精力
影响因素
乐观有助精力恢复
提高创造力
定期放空
切换思维
不断挑战开发
定期运动
培养专注力
锻炼大脑
严格安排时间
大脑的周期性休息
锻炼方法
上班途中思考一天的工作和挑战
每天进行总结反思
通过日记进行自我积极对话
每天早上列出危机处理清单

体能精力既是情感能力的基础，也是思维技巧的基础。没有什么比不能集中于手边的工作更能损害工作表现和投入程度了。为了发挥出最好的水平，我们必须保持专注，在整体方向和局部目标之间灵活游走。我们还需要调用现实的乐观主义，一方面看清事物的本质，另一方面还能朝着目标成果积极努力。任何能够调动适当的专注和现实乐观主义的行为，都能服务于良好的表现。优化思维精力的关键因素包括思维准备、构建愿景、积极的自我暗示、高效的时间管理和创造力。

与身体和情感能力相同，思维能力需要平衡消耗和再生。保持专注与乐观的秘诀在于间歇地变换思维频道，达到精力休息和再生的效果。如果缺乏思维肌肉来做到最好——注意力涣散、过于悲观、思维固化、眼光狭窄等，则需要通过系统训练重塑这种能力。

体能、情感和思维方面的精力都是相辅相成的。在身体层面，睡眠太少或亚健康导致的疲倦使得注意力难以集中；在情感层面，焦虑、挫败和愤怒的情绪也会干扰注意力，损害乐观心态，尤其是面临高度压力的情况时。我们最初从与我们合作的运动员身上发现了这条规律。最生动的案例发生在20世纪80年代末，有一天吉姆接到中量级拳击冠军曼奇尼打来的电话。他们当时正在一起合作。

“我真的很担心，”曼奇尼说，“今天我在赛场上产生了一个消极的想法。”

“只是一个消极的想法？”吉姆答道，觉得有点难以置信。

“你不明白，博士。”曼奇尼说，“一个消极想法足够让你被一拳打倒了。”

其他衡量表现的场合虽说没这么夸张，但同样适用。心理学家马丁·塞利格曼用数年时间研究了正向思考和销售业绩之间的关系。他开发了一份归因方式问卷（ASQ）来衡量人们的乐观程度。他向大都会人寿保险公司的销售员发放了这份问卷，并将个人得分结果与其销售业绩进行比对，结果发现乐观得分排名在前50%的销售员在两年间比排名得分后50%的销售员多售出37%的保险额。乐观得分排名前10%的销售员与后10%的销售员业绩差距更大，前者比后者多售出88%的保险额。而乐观得分排名在后50%的销售员离职率比得分前50%的销售员离职率高一倍，排名最后25%的销售员则比排名前25%的销售员辞职率高出2倍。

在我们看来，正向思考产生的思维精力，即塞利格曼所说“乐观的理解方式”——造就了成功销售员坚忍不拔的品性。的确，正向思维并不总是能够带来期待的结果。消极思维也可以帮我们留意到被忽视的重要需求——不论是食物、休息、情感支持或者眼前的危险。此时，我们接到信号并尽快做出反应，它们也可以变得很有益处。准确评估情况、避免消极或破坏性后果同样重要。但这种直觉并非悲观，悲观者戴着有色眼镜观察世界，强调自我防备而非解决问题。面对每天接踵而至的挑战，消极思维会不可避免带来损害，起到相反效果。现实乐观主义能够解决我们面临的大多数挑战。

在放松中思考

在思维维度，我们也许最容易低估间歇再生的重要性。世界上绝大多数工作环境都充斥着一条或明显或隐晦的信息——长时间连续工作是高产出的最佳途径。按时休息不会受到奖励，在白天抽时间活动不会得到赞扬，只有低着脑袋刻苦钻研才会受到肯定。

但是，思考会耗费巨大的精力。只占体重2%的大脑需要人体25%的氧气供给。如果思维得不到足够的恢复，会判断失误、创造力减弱或无法合理评估风险。思维恢复的关键是让正常工作的大脑间歇地休息。

引起热议的《如何像达·芬奇一样思考》一书中，作者迈克尔·葛柏提出了颇具深意的问题："什么场合你会获得最佳的灵感？"经过多年的收集，最普遍的答案包括"沐浴的时候""躺床上休息""在自然中散步"和"听音乐"。我们也问过客户类似的问题，他们的回答有慢跑、冥想、做梦和海边度假等。"但是几乎没人声称自己在工作中会获得最佳灵感。"葛柏总结道。

葛柏指出，像达·芬奇那样创造力丰富又多产的艺术家也需要定期放下工作。他并非依靠延长夜间睡眠做到这一点，而是利用白天里的小憩。达·芬奇在创作《最后的晚餐》期间，为了保持稳定的产出，有时会在白天花几个小时做梦，无视他的雇主——感恩圣母堂副院长的催促。达·芬奇告诉他的客户："最伟大的天才，有时工作越少，成果越出色。"在《论绘画》中他也写道："时不时离开工作，放松一下是个非常好的习惯……当你回到工作时，做出的判断会更加准确。而持续工作会降低你的判断力。"

精力恢复产生创造力

神经外科专家罗杰·斯佩里1967年获诺贝尔科学奖，他的研究揭示了大脑的两个半球在信息处理方面存在本质的差别。左半球坐落着语言神经，有条理、按次序地工作，通过逻辑推演得出结论。斯佩里突破性地发现：大脑右半球拥有独特的能力，却常常被低估，它更擅长视觉化和空间概念，有更强的全局观，能将事物的部分与整体联系起来。由于右半球不如左半球那样单线化、对时间敏感，因此它更容易凭借直觉和顿悟处理问题。

斯佩里的发现解释了灵感为何往往发生在最不刻意寻找答案的瞬间。同样，间歇地让右脑主持大局，可以让我们从占据我们多数工作时间的左脑理性分析模式中脱离，得到有效恢复。

创造的过程本身具有波动性。从19世纪末的德国生理学家和心理学家赫尔曼·赫姆霍兹开始，许多学者都在尝试定义创造活动的步骤。现在最为广泛接受的是五步论：洞察、汲取、孵育、启示和验证。在《调动正确的大脑》和《唤醒内心的艺术家》中，作家、艺术教授贝蒂·爱德华兹敏锐地指出，创造需要调动左右半脑交替思考。

五个步骤中，有两个明显需要使用左半脑的逻辑和分析能力：汲取，即依照系统的步骤从众多信息来源中收集有用信息，最后一步——验证，即依靠分析和整理，将创造成果翻译成条理分明、通俗易懂的语言。其他三个步骤——洞察（灵感）、孵育（斟酌）和启示（突破）都与右脑相关，并且经常在我们无意寻找答案或解决方法时发生。爱德华兹称其为“边缘型思考”。“在这些阶段，创造大部分是无意识发生的，而且通常产生在左脑有意识地、理性地寻求解决方案之后。”简而言之，创造的最高形式依靠的是投入与抽离、思考与放松、活跃与休息之间有节奏的交替。等式的两边都很重要，缺少任何一项等式都不能成立。

思维固化的杰克

杰克在35岁时便开办了自己的精品营销广告公司，因其针对年青的X一代和Y一代顾客设计的新锐广告享有盛誉。然而，长期的成功之后，公司业绩被经济衰退所累，晚一步意识到市场机遇的大型公司也纷纷加入市场，竞争日益激烈。杰克充满活力又野心勃勃，面对与日俱增的压力，他做出的回应是逼迫自己和员工更加努力地工作，以求开辟新的创意天地。令他惊讶和失望的是，他们的努力成效甚微。长时间的工作并没有等量转化为创意成果。他疲惫又沮丧地找到我们，还认为年轻团队中的骨干都失去了敏锐的洞察力。

鉴于公司曾在前期大获成功，很显然问题并非是出在才能或技能方面——既不在杰克自己，也不在公司整体。我们认为，他显然过于努力了，无休止地逼迫自己创新、产出，对下属也是这样。我们告诉杰克，他耗费了太多思维精力，却没有充分恢复，或许多给自己一些时间放松，从不同的角度看待问题，灵感就会涌动。我们问他，除了工作还有什么兴趣爱好？杰克说自己爱工作胜过一切，过去几年中几乎没空做其他事情，不过他最终还是记起了一些曾经的爱好。

直到读大学之前，杰克一直梦想成为一名画家，只是在意识到自己无法靠画笔谋生后就完全放弃了。即便如此，他还记得沉浸在绘画中的快乐。在我们的鼓励下，杰克决定买些材料，重拾画笔。晚上回到家时，他已经累得基本不想作画了，不过他很喜欢在早晨花一两个小时与画架为伴，绘画会帮助他释放工作的压力，充分调动了他的右脑，发挥创造力。营销方案的灵感好几次就在他画画的时候浮现出来。他也发现，画画之后的上午自己会更加放松，创意也更多了。

杰克喜欢的第二种放松方式是练瑜伽。作为高中和大学的篮球运动员，整个青春期他对篮球都保持了极高的热情，跨入30岁的门槛后就放弃了，一部分因为工作需要，一部分因为他厌倦了伤痛——手指夹伤，脚踝扭伤，膝盖擦伤，诸如此类。大学时期杰克就接触过瑜伽——他的篮球教练用瑜伽动作帮运动员们拉筋，但直到跟我们合作，他才开始系统地学习。同我们的许多客户一样，他认为瑜伽可以放松思维、平复情绪，令身体焕发活力。他开始练习工作时间每天做两次瑜伽。虽然仅仅是关上门，花10～15分钟做几个动作，却让他整个

杰克的解决方案

目标肌肉：创造力

表现障碍：思维固化

期望成果：精力提升，创造力提升

仪式习惯

周一、周三、周五5:30-7:30：绘画

周一至周五10:30-10:45：瑜伽

周一至周五13:00-13:30：外出午餐

周一至周五16:00-16:30：瑜伽

一次性解决步骤

- 在办公室开辟出瑜伽房/冥想室
- 购买乒乓球台

面貌焕然一新，尤其是下午的时候。他开始思考，公司的其他员工是否也能从瑜伽练习中受益。

杰克决定在公司里腾出一间屋子作为瑜伽和冥想专用室，还每周一次亲自上阵教授瑜伽课程。即使出差在外，他也保持着做瑜伽的习惯，每天清早、晚饭前和临睡前共3次练习。他为公司购置了一台乒乓球桌，还鼓励人们放下工作，外出午餐。他把我们的研究结论传授给员工，告诉他们，相比于在工作中投入的时间，他更看重他们工作时投入的精力。

起初，杰克担心这种鼓励可能会让员工在工作中不对找空休息，或许还会有人利用他的新政策偷懒。不过他同时也想到，选择性地偷懒也许会给他们带来更多灵感。以自己为例，上班前作画和日间瑜伽都极大提升了他的精力水平，不仅让他在工作时更加专注，还为他打开了一扇通往更丰富创造力的大门。

杰克告诉我们，接下来的几个月里，公司的氛围有了明显变化，更加轻松、有趣、生机勃勃，不再是前期的状态，现在多数人在外寻找新业务，而不是一群人苦苦留住一个客户。杰克觉得重获新生，营销方案的想象力一飞冲天。他们的作品重新得到了业界的关注，杰克觉得，仿佛整个公司都从梦游中醒了过来。

重塑大脑

越来越多证据表明，大脑的运作方式也类似肌肉——积极使用能够提升能力，使用不足就会萎缩。贝勒医学院的研究小组用4年时间研究了100名年龄超过64岁的健康人群，其中三分之一的人还在工作，三分之一的人退休了但仍保持身体和思维的活跃，还有三分之一的人退休后就不再保持活跃的状态。四年之后，第三组人群不仅智商明显低于前两组，大脑血液测试得分也同样低于前两组。正如神经学家理查德·雷斯塔克所说："不管你处于哪个年龄阶段，都可以持续地优化大脑，与其他身体器官不同，肝脏、肺和肾使用过度会发生损耗，而大脑只会因为使用而日益敏锐，越用越灵活。"

由于思维和身体不可分割的特性，即使适度的身体锻炼也能增强认知能力，原理很简单，锻炼身体能将更多的血液和氧气输送到大脑。人们还相信锻炼能够刺激一种化学物质——大脑分泌的神经营养因子——的产生，它能帮助修复脑部细胞，防止其进一步受损。伊利诺伊大学的研究小组测试了124名年龄在60～75岁的女性的认知能力，这些女性平日很少或几乎不锻炼身体。小组安排受试者参加每周三次的健身项目，健身形式为1小时快步走或轻度瑜伽拉伸。快步走的受试者需要在体能层面突破自己的舒适区，而瑜伽组则不需要。仅仅6个月之后，快走组在一系列关键性的认知测试中的得分就比瑜伽组高出25%。在日本也有类似的实验。一名神经科学家安排一群年轻人参加半小时的慢跑项目，每周两到三次。12周后再次测量受试者的一系列的记忆技巧，他们的得分有了明显提高，答题速度也明显加快。值得注意的是，这个神奇的效果在人们终止慢跑锻炼时几乎就立刻消失了。

流行病学家大卫·斯诺登的修女实验说明，持续的智力活动可以预防大脑退化。参与研究的修女需要写一篇文章，描述自己从20多岁到现在的生活，没有比讲述故事和使用复杂语法更能有效地预测阿尔茨海默症发病风险的了。斯诺登还发现了更有说服力的证据，大部分时间献给传教事业的修女相比从事低智力挑战任务的修女，思维衰退要缓慢得多。

我们在体能层面和情感层面已经验证了压力和恢复平衡的重要性，它同时也是拓展认知能力的重要组成部分。将自己置于短暂的压力中，可以刺激肾上腺素分泌，从而提高记忆力。如果面对长时间周而复始的需求，压力荷尔蒙在大脑中持续循环，海马体反而会萎缩。与身体一样，思维也需要从精力消耗中恢复。我们学习新知识或产生新体验之后，大脑需要一定时间将所学东西巩固、编码。如果大脑没有得到充足的恢复或休息，这个学习过程的效率就会降低。

记忆衰退是40岁以上的人经常向神经科医生提出的问题，而这个问题通常并非由疾病引起，而是思维不够活跃导致记忆“肌肉”萎缩。年轻人的思维具有很强的可塑性，学习一门新语言之类的复杂过程都轻而易举。随着年龄的增长，思维肌肉的调动越来越少，学习新语言或新技能就变得更加困难，带来了加倍的挫折感。为了避免不适感（有时是避免丢脸），人们很容易放弃，结果导致本可避免的大脑退化进一步加重。

“每当人们学习新事物，都会建立起大脑细胞新的联结。”哈佛医学院心理学助理教授，《新英格兰百岁人瑞研究》副总监玛杰里·西尔弗说。“即便你已经出现老化的征兆——牙菌斑、神经纤维缠结（与阿尔茨海默症相关）、部分大脑细胞受损，你仍旧可以依靠这些新联结挽救部分脑细胞。”换句话说，持续挑战大脑能够预防老龄化带来的退化。学习新的体育活动会帮助我们打造新的肌肉，锻炼不同的身体部位，学习新的电脑技能、新课程甚至每天记几个新单词都能帮助我们锻炼思维肌肉，更好地为效能表现服务。

悲观消极的爱丽丝

作为一家中型律师事务所的合伙人，爱丽丝能够发现任何出错或可能出错的地方。她可以从一份长达30页、近乎完美的简报中挑出唯一的一处语法错误，在某个职位的最佳候选人身上看到小缺点，找到充分的理由不接某位新客户，不扩张事务所规模，甚至不举办圣诞派对。这项特别的能力让她成为灾难前的唯一保险，也让她成为挑剔和消极精力的无尽来源，所有人都不愿接近她。更不幸的是，因为几乎可以预见她的反对，同事们开始看轻她的意见。

爱丽丝一直相信自己是公司里唯一愿意直面现实的人。她从没想过，某些情况下或许自己看到的只是事实的一部分，可能因为太关注具体问题反而失去了全局观。她从未考虑过负面精力对自己或他人的工作效率的影响。

与我们合作后，爱丽丝的第一项突破是认识到自己看待事物的片面性。负面思维已经剥夺了她工作和生活中的乐趣。她与丈夫和两个青春期的儿子去度假，她总能在酒店房间、食物和天气上挑出毛病来。儿子在某科考试里得了A，她会首先注意到没得A的科目。孩子为学校橄榄球队触地得分却轻微扭伤脚踝，她在意的却是橄榄球运动的危险性而不是孩子的成功。

为了扭转局面，我们为爱丽丝建立了一系列习惯，帮助她调动正向思维。其中最有效的是早上醒来之后的行动，新的一天开始之前，她会写下所有感觉会出错或者可能出错的事物，内容可能是“简报写得不太好”“我对客户说错话了，把关系搞砸了”或者“那个案子的助理别再喋喋不休了，简直是浪费我的时间”等等。

下一步，爱丽丝试图从自己预见的危机中走出来，调整思维角度，将其看作挑战和机遇，而不是灾难或威胁。这就是现实乐观主义训练系统的一部分。如果她在担心简报，就应该想到，自己已经写过几十份简报，心理纠结只是尽善尽美的一部分。如果她在担心客户，就应该提醒自己这段客户关系已经建立了很久，小失误也创造了一次学习的机会。如果对助理不满，则应该关注别人的长处，并乐意为别人提供指导，传授自己的方法。

为了获得更多的安全感，爱丽丝认为有必要为潜在的危机安排紧急出口，

爱丽丝的解决方案

目标肌肉：现实的乐观主义

表现障碍：悲观，负面思维

期望成果：正面、解决方案为导向的思维

仪式习惯

7:00：在日记中写出潜在的威胁并将其重新解读为机遇

考虑最坏的情况，评估可以接受的后果

专注于生活中值得感激的一面

即使在进行正面积极的考虑之后。在这些情况下，她会问自己："最坏的情况是什么？如果有可能出错的地方都出错了，后果是否可以接受？"几乎每次的答案都是肯定的，这让她感到非常宽慰。事情的严重程度降低了，她的表述方式也会缓和起来。

每天早晨，爱丽丝的仪式习惯都以生命中值得感恩的事物结束。这一部分最让她满足，她在提醒自己足够幸运的事实——身体健康，衣食无忧，爱自己的丈夫和两个儿子，还有充满挑战性的工作。

大多数的早晨，这种思想锻炼可以提高爱丽丝的精力水平，让她的身体更加放松，情绪更加积极，思维更加灵活、容易专注。这些改善引发了连锁效应，她能更好地集中在工作上。后来，这个思维过程被她拿来应对每个挥之不去的负面想法。只有她压力过大时，才需要在早晨正式地做完整套仪式。

爱丽丝也将曾经用来挑错的精力用于寻找正确的解决方案，不时举起的红旗帮助她避开盲目乐观的陷阱。面对压力时，她的批判眼光和悲观主义偶尔也会钻出来，但是不会持续很久。这是她成年之后第一次感到，自己的人生不是被恐惧追赶，而是为了挑战各种可能性主动前进。

无法专注的莎拉

莎拉是一名医院行政人员，她感觉生活正在渐渐偏离她的掌控方向。她今年35岁，单身独居。因为没有家庭负担，她可以自由决定下班时间，结果，她待在办公室的时间越来越长。作为解决问题的专业人士，所有人遇到麻烦都找她，导致她的时间从来不归自己支配，邮件、备忘录和未处理文件在桌子上堆起小山。莎拉说，她也很提倡高效和创新，但是因为自己缺乏效率，始终没有时间搞创新。

时间管理只是通向高效精力管理的途径。每天的时间是固定的，不仅要聪明地使用时间，更要确保有限的精力用于最重要的事务。但是人们往往花大把时间做无益的事，耗费大量精力。史蒂芬·柯维在《高效能人士的七个习惯》里准确地描述了这一点：看似紧急的琐事总会盖过那些非常重要却不太紧迫的事。这也是许多企业的通病，人们很难在紧迫感面前停下脚步，做出更加深思熟虑的抉择。

紧迫感就是莎拉的问题所在。她的行动力超强，时刻都在回应他人的需求——电话、邮件，还有随时到桌前寻求帮助的人，无时无刻不消耗着她有限的精力。而创造性的思维风暴、自我反省、长期规划和写作计划都被一再拖延。她的专注力对这样的结果负有一部分责任。像我们许多客户一样，她很难长期专注在一件事务上。虽然她自豪于一心多用的本领，比如一边打电话一边写邮件，却对任何事情都无法投入百分之百的精力。她的同事也发现，莎拉只对清晰简明的列表有理解能力。很遗憾的是并非所有事情都有清晰简明的解决方案，尤其牵涉到私人问题的时候。即便本性并非如此，在别人眼中，莎拉渐渐成为急躁而忙碌的形象。

莎拉做出的第一个改变是早上花20～30分钟将注意力从外部转移到内心，记录下工作和私人生活中出现的问题。写作让她感到自己不是一部工作机器，还留出了反思工作或生活中人际关系的空间。第二步是用10～15分钟在电子备忘录上列出今天的待办事项，她也承认，工作中常常计划赶不上变化。坐车上班的半个小时是规划时间——思考一天可能发生的事情，设想自己如何处理具体危机。

莎拉用了一个多月适应这些新习惯，起初她本能地抗拒固定安排。然而她渐渐发现，新的晨间习惯给她带来更多的镇定和专注，让她的思维更加自由，事务缠身的感觉也少了许多。当习惯变成自发反应，她顺势改变了事务处理方式。从

莎拉的解决方案

目标肌肉：时间管理

表现障碍：缺乏条理，容易分心

期望成果：效率，适当的专注力

仪式习惯

6:00-6:30：冥想，日记，待办事项

7:30-8:00：心理建设

8:00-9:00：项目时间

10:30，15:30：茶歇

周一、周三、周四19:00：有氧运动课程

一次性解决步骤

- 购买日记本，备忘录
- 整理桌面，有效率地归档文件
- 告知员工“免打扰”的时间段

前她习惯于直接进入应答模式——处理邮件、答复语音信息或者回复同事的问询，现在她决定将工作的前60分钟即8点到9点用于最重要的事情，一是因为这段时间里精力最旺盛，二是因为越到后面琐事越多。她告诉秘书，除非紧急情况，她不希望这60分钟被人打扰。这个小时莎拉主要用于撰写项目，之前这消耗了她的周末时间。一天伊始便能高效完成目标让莎拉充满成就感，也更有信心面对其他事务。她还报名参加了有氧运动课程，一周三次晚上上课，强迫自己离开办公室。运动对思维和情感都有绝佳的恢复效果，也帮她完成了工作到生活的过渡。

最后，莎拉认为应该在工作中加入间歇休息。医院的餐厅跟她的办公室不在同一楼层，她规定自己上午10点半、下午3点半各去一次，停留5～10分钟。虽然无法每次都按时赴会，她还是尽量靠近规定的时间放松自己。即便这种休整很短暂，吃块水果、喝杯茶，也能把她拉出长时间的工作旋涡，重整旗鼓。

莎拉起初很难做到不立刻反馈人们的要求。到了第二个月，自由、条理和高效的好处就战胜了她的负罪感。因为工作效率提高，她也有了更多时间与人相处，无论是谈论工作还是闲聊——尤其是在一天结束时，都会带来很多乐趣。让她感到惊喜的是，这种新的生活方式赋予她崭新的自由和轻松愉悦的精力。

你要记住这些要点

- 我们使用思维精力规划生活、集中精力。
- 最有益于全情投入的思维精力是现实乐观主义——看清事物真相，却仍朝目标积极努力。
- 优化思维精力的关键在于思想准备、构建想象、积极的自我暗示、高效的时间管理和创造力。
- 转换思维频道可以激活不同的大脑部分，提升创造力。
- 身体锻炼可以助力认知能力。
- 思维消耗与恢复的平衡可以帮助思维精力达到最大化。
- 如果缺乏某种思维能力，需要系统地加以锻炼，不断突破自己的舒适区并充分休息。
- 持续挑战大脑可以有效预防老龄化导致的思维衰退。

Chapter 7

SPIRITUAL ENERGY: HE WHO HAS A WHY TO LIVE

第七章

意志精力——活出人生的意义

尼采有句名言："知晓生命的意义，方能忍耐一切。"

任何能够点燃人类精神的事物都有助于全情投入、促进最佳表现。意志精力的关键动力在于性格品质——一个人如果有自己的人生目标、勇气和信念，即使面对艰难困苦和个人牺牲也会在所不惜。意志精力由激情、奉献、正直与诚实支撑。

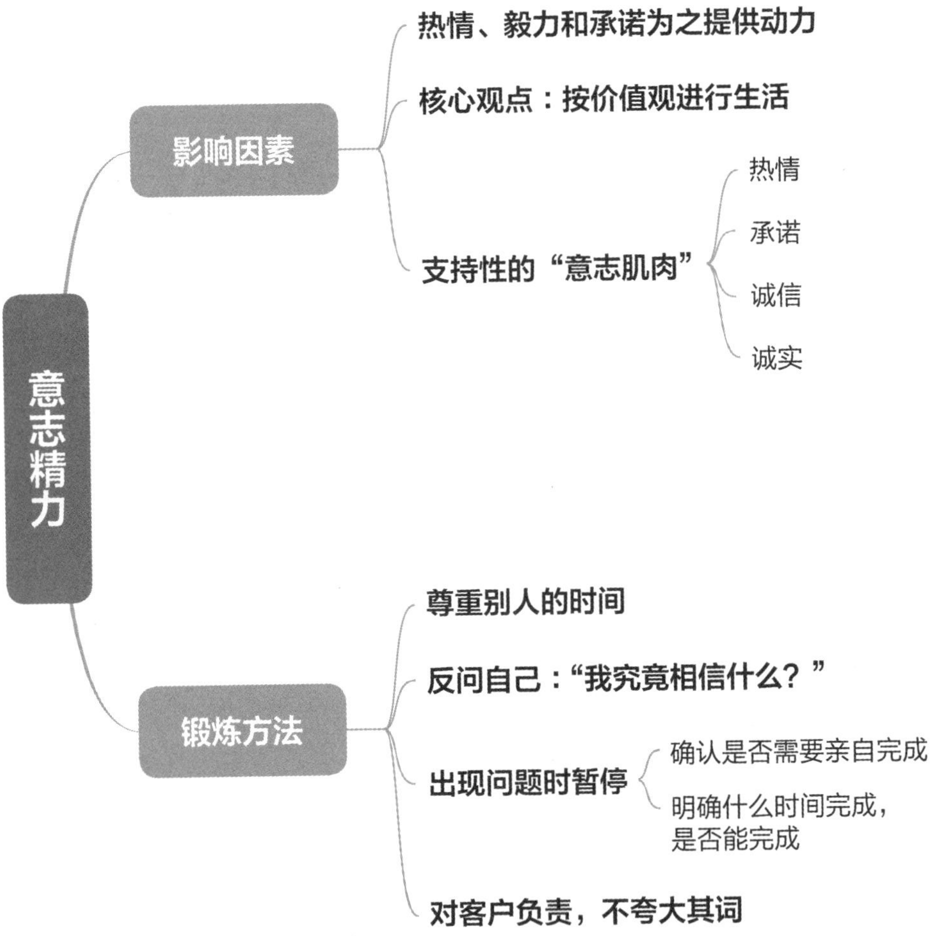
意志精力
影响因素
热情、毅力和承诺为之提供动力
核心观点：按价值观进行生活
支持性的“意志肌肉”
热情
承诺
诚信
诚实
锻炼方法
尊重别人的时间
反问自己：“我究竟相信什么？”
出现问题时暂停
确认是否需要亲自完成
明确什么时间完成，是否能完成
对客户负责，不夸大其词

我们随时可以取用的精力储备量反映了身体素质，取用精力的动机则属于精神层面的范畴。本质上说，意志精力是一股掌管所有维度行为的独特力量。它是动机最丰富的源泉，指点方向。这里的意志并非是指宗教概念，而是最简单最基本的定义——通向最深层的价值取向和超越个人利益的意图。实际上，无论我们有什么使命，任何能够点燃人类精神的事物都有助于全情投入、促进最佳表现。意志精力的关键动力在于性格品质——按照价值取向生活的勇气和信念，即使面对艰难困苦和个人牺牲也在所不惜。意志精力的支持部分包括激情、奉献、正直与诚实。

在为他人奉献和照顾自己之间找到平衡，意志精力才能延续下去。换句话说，按照最深层的价值观生活，取决于有规律地促进意志精力的再生——找到休息和再生的方式，重新发现我们认为最有激情和意义的价值。若意志精力不能满足需求，则需要系统培养，挑战我们的自满感觉和一时的权宜之计。以罗杰为例，严重的目标缺失感抹灭了他的激情，阻碍了他前进的方向，因而他转入生存模式，只能满足最基本的生存需求，过一天算一天。他还常常将自己塑造成受害者的形象。罗杰之所以不考虑自身行为的长期后果，很大程度是因为他不清楚自己的人生意义和前进的方向，最终导致所有精力系统都受到了伤害。

人们往往在悲剧发生之后才会意识到意志精力的重要性。著名演员克里斯托弗·里夫1995年在骑马事故中不幸瘫痪，很自然地整日被绝望情绪笼罩。后来他提到过，自己甚至有过自杀的念头。但是他很快就找到了自己的意志精力来源——想要继续陪伴家人，寻找此类病症的治疗方法，继续为这个世界贡献力量。这种强烈的意愿帮助里夫振作起来，在体能严重不足、极易产生脆弱绝望情绪的情况下，最终依靠希望、乐观恢复了专注和清晰的思维。意志精力有效地挽救了他的生命。

债券交易公司坎托·菲茨杰拉德的员工面对无常灾难也展现了巨大的意志力量。这家公司的总部位于世贸中心的顶层，纽约办公室的一千名员工有三分之二都在“9·11事件”中不幸罹难。计算机系统和大量数据遭到损毁，公司前途生死未卜。幸免于难的人沉浸在震惊和悲痛中久久不能平复，许多人遭受精神创伤。从精力角度来看，这场灾难对体能、情感和思维精力的消耗是巨大的。

支持坎托的员工渡过难关的是强烈的目标感。挽救公司当然有利于个人财务，但他们的使命远远不止于此。悲剧发生几天后，公司总裁霍华德·卢特尼克发表声明，公司在未来5年内所有盈利的25%将作为抚恤金发放给遇难员工的家属。这项决策让幸存的员工拥有了超越个人利益的奋斗目标，他们把自己称作“兄弟连”，因为共同的悲剧和挑战而凝聚在一起。

整个公司戮力同心的效果是惊人的。坎托员工每天自发工作12~16个小时。海蒂·奥尔森本已离职，“9·11事件”后又重新回到公司。“我们曾看作理所当然的事物都失去了。我只是做了自己应该做的事情。就好像一个母亲，要为家庭付出一切。”在奋斗的过程中，坎托公司的员工们汲取了未曾发觉的情感——耐心、怜悯，面对临时的倒班工作也毫无怨言。这些最终成为帮助他们渡过难关的力量。坚定的目标使得他们在睡眠有限时也能集中精力长时间工作。如果说存在长期的风险，那就是得不到充分恢复的体能、思维和情感精力有可能最终会导致衰竭而崩溃。很难再找出一个能够如此生动的例子，说明在最艰难的情况下，共同的目标和超越自我的信念才能激发出最磅礴的意志力量。

若要从日常生活说明目标的重要性，我们来看看安的例子。

安是一家大型化妆品公司的高管。成年以后，安一直尝试戒烟却没有成功，她把戒烟失败归结为自律性差。抽烟渐渐开始影响她的身体和工作——呼吸短促导致耐力变差，经常请病假，尼古丁上瘾时无法在会议上集中精神。她意识到，烟草已经将她笼罩在过早死亡的风险之下。而另一方面，抽烟是她的长期爱好，也是减轻焦虑、缓解社会压力的有效方式。最重要的是，她的身体已经对尼古丁产生了很强的依赖性。

当安得知自己怀孕了，她决定立刻戒烟。一直到孩子出生，她都没有碰过香烟。不过生下孩子还没出院，她就迫不及待地重拾香烟。一年之后，安第二次怀孕了，她又一次停止吸烟。就像第一次那样，在9个月的孕期里她很容易就克服了对尼古丁的渴望，却在孩子出生后立即恢复吸烟。“我也不明白怎么回事。”她哀怨地对我们说。

原因其实很简单。当抽烟关系到一件更为重大的事情——未出世孩子的健康，她就从专注的目标中获得了更多的力量。一旦孩子出生，使命感消失，她就很难经得起烟草的诱惑。在认知层面意识到吸烟有害健康，在情感层面为吸烟的行为感到惭愧，甚至在身体层面感受到吸烟的负面影响，都不足以构成安改变行为的动机。

若要成功戒烟，安需要精神层面的独特动机。我们想出三种理由。首先，二手烟本身就是潜在的危险，如果她继续抽烟，就会威胁到孩子们的健康，还等于向他们传达了吸烟无害的信号。其次，我们也迫使安认清现实，继续抽烟会严重危害她的健康，孩子们可能会过早失去母亲。对家人的关怀是安重要的价值取向，它成为了戒烟的有力动机。最后，在我们的引导下，安意识到，抽烟是造成她亚健康状态和精力不足的罪魁祸首，导致她在工作中表现不佳，也最终影响了她与家人相处时的精力。

与其他层面相比，意志精力的消耗与更新有着更为紧密的联系，往往同时发生。几乎所有的自省传统都会提到精神功课和精神实践，或为了服务他人或为深化人们的怜悯之心，或为了帮助人们体验内心联结。而意志精力的更新恰巧来源于价值观和使命感的启发和重获。

有些活动不需太多精力就能大幅获得精力再生，例如在自然中散步，读一本给人启迪的书，听音乐，或者听一场精彩的演讲。反之，精神功课既是精力消耗的过程，也是精力更新的过程。例如，冥想需要调动高度的注意力使思维平静，同时也会带来意志的开阔、内心的沟通，甚至喜悦的情感。冥想像瑜伽一样贯穿所有的精力层面，构造意志能力的同时，也提供思维和情感的再生源泉。

祷告需要集中精神，也同样会带来情感和精神上的安慰。经常思考我们的价值取向并做出与之契合的行为实属不易，但它们同时也是激发灵感和动力的方式。就更基本的层面而言，为孩子投入时间和精力也是一种精神实践——牺牲自己的精力服务他人，同时也是情感和精神的丰富源泉。这一道理同样适用于所有为他人服务的时刻，需要投入大量的精力，甚至会给自己带来不便，但是同样会带来深切的意义和满足感。

冷漠疏远的加里

42岁的加里是一家大型金融服务公司的高管。在公司耕耘20年有余，他感觉自己越来越难以投入工作，并开始质疑自己工作的动机。公司给他的回报是份丰厚的酬劳，但随着深入交流，我们发现，他想要的不仅是收入增加、职位升迁。他需要填补个人生活的空缺。加里与妻子离婚10年了，虽然两人共同拥有两个女儿的监护权，但是频繁的长期出差导致他无法陪伴女儿。两个孩子现在已经长大成人，在不同的城市里各自生活，他的懊悔反而更深一层，后悔没有通过运动爱好与女儿沟通交流。加里自己是一位出色的运动员，两个女儿在高中时期分别是足球、篮球运动员，他却很少到场加油。

我们问加里，什么能给予他的生活最大的目标和意义？他无法给出与工作相关的答案。一旦我们开启了对未来生活的假设，他立刻答道："给孩子们当教练。"他说，自己虽然很遗憾没能辅导女儿，但可以通过这种方式回馈社会，充实生活。他家附近刚好有一所寄养之家，专门收留孤儿和父母无法继续监护的孩子，加里每天上班都会经过那里，但几乎从未关注过它。现在他决定尝试为它服务。这家机构恰好在招聘男篮教练，每周需要抽出3个晚上指导球队，而且比赛时间大多集中在周六。但是加里还是决心一试。

加里突出的篮球技能很快就得到大家的认可，但最终为他赢得孩子们爱戴的是他的教育方式。加里的父亲去世时他才16岁，即便他的场上表现一塌糊涂，高中时的篮球教练还是一如既往地鼓励他、支持他，这对他产生了深远的影响。而

加里的解决方案

目标肌肉：热情

表现障碍：冷漠，疏离

期望成果：奉献，全情投入

仪式习惯

周一、周三、周五17:30-19:00，周六上午：指导篮球队

周二7:00：与直接下属共进早餐

周四18:00：与直接下属喝杯酒

加里现在指导的孩子们则有更为不幸的过去——抛弃、暴力和虐待，他决心用篮球帮助他们建立自信，架起与外界沟通的桥梁。

成功并没有很快出现。最初几周的训练课程里，加里花了大把时间把打架的队员拉开，徒劳无功地让孩子们把注意力集中在训练上。篮球队输掉了前3场比赛，然后加里又不得不把一位好手开除出篮球队，因为他无端攻击了另一位队友。加里的耐心和坚持最终获得了回报。篮球队开始赢得比赛，更重要的是，他们开始作为团队协同合作。这一点对加里来说意义重大。他喜欢做篮球教练，也喜欢孩子们。这股兴奋渗入了生活的各个方面，多年来他头一次感到自己充满活力，意志充实。

与我们合作3个月之后——也就是加入篮球队1个月后，加里意识到，自己在工作中同样可以扮演导师的角色，为年轻人提供指导。尽管公司对他的要求并没有明确加入导师一项，加里还是认为这个决定是顺理成章的，可能会为他人带来改变一生的机会。他开始与年轻交易员们进行工作以外的交流，并非为了提升他们的职业技能，而是指导他们规划职业生涯，分清工作和生活中的轻重缓急。

在股票市场开始急转直下时，这点变得尤为重要。面对低迷市场，加里镇静如常，安抚了许多交易员的心。他用很多早餐和午餐的时机倾听他们的想法。除了用亲身体会教年轻人如何渡过困境，他还让他们认识到，自我价值不会随着市场情况而改变。人们甚至效仿他，加入社会团体，提供志愿服务，还有人当上了他的篮球队的副教练。

在市场困境的压力下，时间更显珍贵。可通过与年轻人的交流，加里感受到满足，浑身充满了活力，开始带着使命感走进办公室。他为下属和篮球队付出的努力，最终回报给他意想不到的精力提升。

知晓生命的意义方能忍耐一切

拓展意志精力需要将自己的需求置于次位，为超越个人利益的目标让路。人们往往认为自身需求迫在眉睫，注意力一旦转移，便会引发原始的生存恐惧。如果我把精力用在别人身上，谁来关照我？但具有讽刺意味的是，自私自利反而会削弱精力，妨碍表现。我们越是被自己的恐惧和担忧掌控，越难调动精力做出正确举措。

将个人利益置后起初会让人倍感不安，但加里却认为这样做回报颇丰——提升个人价值、丰富人生意义。深层的价值取向所带来的生活方式不仅是生活的主心骨，还能帮助我们更好地应对各种挑战。

维克多·弗兰克尔（Viktor Frankl）曾动情地总结，意志力量甚至可以扭转最可怕的情况。弗兰克尔是纳粹集中营中幸存的心理学家，他创作了《活出生命的意义》这本经典巨著。书中他引用了尼采的名言："知晓生命的意义，方能忍耐一切。"弗兰克尔也描述了在不断有人死去的环境中，这个认知如何挽救了他的生命：

> 生而没有意义的人是痛苦的，没有目标、没有目的、无需继续忍受。他很快就会迷失。我们的人生态度需要从根本上转变。我们既要自己学着转变，也要向绝望之人伸出援手，告诉他我们对生活的期待其实并不重要，重要的是生活于我们有何期望。我们要停止追问生命的意义所在，每时每刻提醒自己接受生命的检视。我们的回应不仅体现在言语和冥想中，还要贯穿我们的行为举止。生命的终极意义是担起责任，找寻难题的答案，并且完成生命为每个人设定的任务。

弗兰克尔认为，我们必须创造出自己生活的意义，即积极拓展意志能力。这样做会毫无疑问地引起不适。"思维健康需要保持一定的张力，它存在于已达成的和未完成的目标之间，存在于个人现状和理想自我的差距之间……人们需要的并非是毫无紧张感的环境，而是为了自己选择的有价值的目标努力付出。”

兰斯·阿姆斯特朗是一个鼓舞人心的榜样。20世纪90年代初期，阿姆斯特朗已经成为美国顶级的自行车运动员，用他自己的话说，那时的他“只顾自己”。1996年，25岁的阿姆斯特朗被诊断出患有致命的睾丸癌，并迅速扩散到肺部和大脑。医生估计他只有3%的康复概率。然而阿姆斯特朗奇迹般地活了下来，并重新回到了赛场。1999年，也就是在诊断出癌症3年之后，他在环法自行车大赛中获得总冠军，并且连续七年拔得头筹。在阿姆斯特朗看来，战胜癌症是一项比冠军更重大的成就——带他走出了狭隘的人生意义：

> 如果你让我在赢得环法大赛和战胜癌症之间做选择，我会选择战胜癌症。虽然听上去不可思议，但在我看来癌症生还者比环法大赛冠军的头衔更有意义，因为癌症，我重新认识了自己作为男人、丈夫、儿子和父亲的角色……病魔教会了我一件事——我的运动员生涯从未告诉我，我们比自己想象的要坚强得多。每个人都拥有许多未知的潜力，只能在困境中才会激发它们。如果癌症的折磨具有意义，那一定是让我们变成更好的自己。

重视他人

巴里是一家大型信息服务公司的首席执行官，他自视是个和善的老板，对员工非常友好。然而直接下属给出的最多反馈是他总是让他们等待，不尊重他们的时间。他承认自己一直都收到这样的评价，他们说得没错，但他也无能为力。作为首席执行官，他的日程排得很满，他也不是故意让别人等待，可是总有各种电话和突发事件，他觉得改变的希望非常渺茫。

当我们询问巴里最重视的价值取向时，这个看法有了改变。他毫不含糊地说，最重要的价值观是尊重他人。他的父母都是尊重他人的楷模，他也很确信自己也是一样。

“既然这样，”我们问道，“让别人等待是否符合尊重他人的定义？”

我们得到的是一段长时间的静默。“的确不符合。”他最终说道。

所以我们在帮助巴里制订行为规范时，尊重他人的时间摆在了首要位置。几个月后我们回访巴里，他告诉我们，最初严格遵守日程非常困难，他担心按时结束会议的举动会惹恼公司主席、董事会和重要客户，但考虑到尊重他人的原则，他必须执行下去。“我首先会尽力在计划时间内集中精力完成所有议程，如果时间到了会议还没有结束，我会停下来对大家说抱歉，但我不能让别人干等，所以未完成的议题只有下次开会继续讨论。我发现这样做之后，即使是参加会议的人也感觉受到了尊重，开会变得更加高效。”仅仅是重新认识到尊重他人在自己心中的价值，巴里就能够下决心做出改变，解决困扰他多年的问题。

优柔寡断逃避冲突的杰里米

37岁的杰里米是一家大型消费品公司互联网部门的商务经理，工作内容是通过网络销售更多的商品。他擅长设计交易结构和数字处理，很快就帮助公司建起网站，降低了公司的财务风险。在自己和其他同事眼中，他的主要表现障碍是立场不坚定，害怕与他人冲突。

杰里米告诉我们，他更喜欢大家一团和气，不愿意引起争端。他不愿意承认自己总是说别人爱听的话，但讨人喜欢对他来说确实非常重要。他关注别人对他的看法、对事情的看法，却不清楚自己的感受。这使得他成为一个具有同情心的倾听者，容易相处；同时也令他地位被动、优柔寡断，导致同事不再向他寻求意见。他并不是战略讨论中的重要声音，只是个默默无闻的数字处理员。

杰里米从未发觉，他的表现障碍主要是精神层面的，缺乏与深层价值取向的沟通。我们建议他，注意力的重点不要放在安抚上司、担心他们对他的看法上，而是要相信自己的声音、明确表达立场。这并不意味着他要变得激进好斗、与人为敌，而是在尊重他人的同时坚守自己的立场。

杰里米的解决方案

目标肌肉：决心

表现障碍：优柔寡断，逃避冲突

期望成果：清晰的思维，令人信服的姿态

仪式习惯

为会议做好心理建设：想象自己的意见得到肯定

会议之前做好功课

问自己“我的真实想法是什么？”“我这样说是否为了讨好某个人？”

至于改变的方法，我们建议杰里米每天早晨进行心理建设，在会议之前排练自己的发言，想象自己的意见被大家肯定和接受的场景。从我们与运动员的合作经验来看，在思维中提前预演可以有效缓解焦虑，达到不被自我意识或尴尬的念头干扰。杰里米还决定在开会之前预习议题，确保对讨论内容有全面的了解。

第三个步骤专为会议打造。与别人出现分歧时，他首先要问问自己："我的真实想法是什么？"倾听自己的直觉答案，使他不被别人的意见左右。如果他发现自己太急于赞成某个观点，就要提出第二个问题："我想取悦谁？"结果，这一方法有效确保他从客观的角度进行发言。

失信于人的琳达

琳达是一家大型连锁百货公司的采购部主管，她有十几名直接下属，部门人员多达200人。琳达找到我们，觉得生活失衡，被工作压得喘不过气来。尽管已婚并有一个8岁的女儿，多数时间她还是会工作到晚上8点，有时9点。她的丈夫做个体生意，时间要灵活得多，也是对女儿更尽责的一个。琳达并不担忧女儿的衣食，却失落于自己不能常常见到她。同时，她察觉到直接下属中存在着越来越严重的士气问题，却一时束手无策。

琳达把自己看作正直的典范，值得信任，待人公平，坦诚又乐于助人，总是选择做正确的事情。当同事们在调查问卷上指出她不可靠且言而无信时，她的讶异可想而知。

这里我们首先定义一下正直的概念——一种言出必行的重要品格和美德。依此标准来看，琳达的确没有做到。部门的关键决策都需要她拍板，同事们说她总是保证要完成某事，结果往往食言。因为琳达本人很受欢迎，下属们也知道她事务繁忙、工作努力，因而他们都不愿把责任丢给她，结果导致项目延期，部门员工都倍感挫败，无精打采。

起初琳达试图向我们解释："我真的很忙，一个人要做三个人的工作"，还有"如果我不打算遵守承诺，从最开始就不会保证"，以及"我最终都会完成，如果没完成，那是因为这些事情本身就不太重要"。我们指出，这些解释都不足以安抚她的下属，也无益于解决现在的僵局。真相其实很简单，琳达高估了自己的做事能力。这也是她工作到很晚的原因，使得丈夫承担了大部分家庭责任，也损害了她与家人的关系。

琳达剖析了自己的行为，意识到她的问题其实来源于控制欲，不信任他人，不愿放权。部门员工的埋怨和不满让琳达难以接受，评价她缺乏正直更让她不能忍受，毕竟这是她最重要的价值观之一。

琳达改变了自己随意承诺的习惯。她清楚自己总想承接所有摆在面前的工作，于是决定用一种更理智、更慎重的态度来选择。新任务出现时，她首先问自己："这件事需要我亲自来做吗？"如果答案是肯定的，再问自己第二个问题："什么

琳达的解决方案

目标肌肉：诚实正直

表现障碍：言而无信

期待成果：言出必行

仪式习惯

做出承诺之前回答两个重要问题

将承诺放入待办事项，并规定完成日期

时间必须完成，我有没有能力遵守？”如果她心存疑问，就会先对照自己的日程表；如果她接下工作，就立刻把它加入待办事项，并写出明确的截止期限。

“如果我告诉别人我要做什么事情，就等于许下了承诺，还会大声重复它。”琳达后来告诉我们，“我很快就不再轻易许诺了。时间变得充裕起来，因为我开始学会把工作分给其他人去做。”

放弃一部分控制权对琳达来说并不容易，她感觉如果不亲自监督重要活动，别人会做不好。有些情况下，她还是会变得沮丧，把事情收回自己手里。但是她最终找到了解决办法。她只负责提出明确的目标和要求，把责任分给他人。若不满意最终成果，她会找来负责人补救，而不是自己动手修整。在此过程中，有两位下属无论被退回多少次，始终不能达到她的要求，她终于意识到他们不适合这样的工作，而自己以前宁愿替他们完成工作也不愿面对事实。

琳达决定解雇其中一人，鼓励他寻找与能力相符的工作；将另一个人指派到她认为更适合他的项目上，结果他很快就崭露头角。至于其他下属，大多数都承担起了更多的责任，并展现了超出她预想的才能、创意和主动性。“事实上，我的放手改变了整个团队的氛围，”琳达说，“员工有了更多的掌控权，工作质量都提高了，大多数时候，我每天的下班时间也提早了。”

言过其实的迈克尔

如果正直是关于遵守承诺，诚实则是对自己和他人说真话。二者都是精神肌肉的重要组成部分。迈克尔是一家金融服务公司的投资顾问，1999年下半年他的老板把他和其他顾问送到我们这里培训。迈克尔很不乐意占用3天的工作时间，对培训效果也非常质疑。他是部门的骨干员工，收入良好，自评问卷几乎每一项都打了高分。同事们对他的反馈也很正面，大家评价他做事专注、有条理，亲切友好，积极向上，脾气温和。

迈克尔得到低分评价的一项是“可信任度”。虽然他对此并不惊讶，却还是心生不快。“他们不明白，”他告诉我们，“我可比他们诚实多了，我承认自己的为人。我是销售员，要做推广就要善于讲故事。我的能力就是让大家对产品产生渴望，打造正面影响。我卖的不是股票和债券，而是希望和承诺。如果我只说事实，就什么也卖不出去。”他对于办公室里的竞争也有类似的看法。“办公室里的人会告诉你们我喜欢操控别人，爱耍花招。实际上我是很直接的人。我会尽我所能拉近客户，然后为他们做好事情。”

迈克尔在整个90年代业绩斐然，因为他下注大胆，在科技股方面尤其敏锐，更不用说借上了整个牛市的东风。迈克尔认为，他的成功就是最好的证明。“我做到了。”他说，并且批评我们的培训除了体能拓展技巧之外毫无用处。6个月之后，即2000年的年中，迈克尔和其他投资顾问来到我们公司进行第二阶段的培训。起初，我们很惊讶会再次看到他，后来才知道他的情况已今非昔比。3个月前网络板块开始崩盘，股票市场——主要是纳斯达克—— 一落千丈。

随着科技股进入自由落体状态，迈克尔几笔最大的投注价值暴跌。自己的投资组合受到打击，他对客户的服务也打了折扣。这段经历磨平了他的锐气，也让他逐渐清醒，开始探索内心。他意识到，他也被自己的大肆鼓吹所迷惑，相信未来无限光明。当市场受到重创，他也被迫退后反思，发现不能再自欺欺人。他总结说，一直以来不过是穿着新装的皇帝。最关键的是，他认为市场还会继续下滑。

在第二次到访中，迈克尔花了许多时间思考如何与客户继续合作。曾几何时，只要能为客户赚钱并填满自己的荷包，他并不介意言过其实或刻意隐瞒。现在，

迈克尔的解决方案

目标肌肉：诚实

表现障碍：不说实话，言过其实

期望结果：为人可信

仪式习惯

监督自己言过其实的行为

承担错误陈述的后果

客户因为他的推荐蒙受损失，这让他十分不好受。最后，他无法继续鼓励他们坚持下去，更无法劝说他们继续投资。说出事实——至少是他知道的事实——看上去是唯一可以止损、安抚良心的做法，即便这意味着可能会失去客户。

迈克尔决定卖出相当一部分股票，承担损失，以保证近期的现金储备。他也打算私下向客户们解释他的决定，并且尽可能诚实地回应他们的担忧。在改变行为方面，言过其实的冲动太过强烈，几乎变成了条件反射——把预估的数字翻一番，夸大交易的进度，或者在评价中使用最高级词汇。所以迈克尔决定，如果向客户或同事做陈述，过后都要自查言语的准确度。当他意识到自己随口说出了多少不准确的信息，感觉自己变成了《大话王》的主角。

迈克尔第二个承诺是一旦发现自己夸大其词就立刻纠正，不论自己的处境会变得多么尴尬。令他欣慰的是，有意承担责任给他的行为带来了正面影响。几周后，经过数次脱口而出后又自我纠正的尴尬，他已经能在大多数场合打算夸大其词之前就控制住自己。一个月后，讲真话变得更自然了。

的确有一部分迈克尔的客户决定撤出交易，但绝大多数还是留了下来。迈克尔的收入严重蒸发，在公司的名声也一落千丈。但在接下来一年半里，之前他赔本卖掉的股票持续暴跌，整个市场继续走低，其他同行和他们的客户都蒙受了巨额损失，迈克尔的保守被证明是明智的。他与客户的关系更加紧密，许多人都很感激他挽救了他们的财产，阻止了更加糟糕的情况，也被他真切的关心打动。到了2001年年中，迈克尔的客户数量不降反升，很多都是现有的客户介绍的，他的工作热情甚至超出了牛市时的最高水平。他头一次感觉到自己在为客户服务，而不是只顾扩大自己的利益。

你要记住这些要点

- 意志精力为所有层面的行为提供动力，带来激情、恒心和投入。
- 意志精力源于价值取向和超越个人利益的目标。
- 品质——依照价值取向生活的勇气——是意志力量的关键因素。
- 最强大的意志力量是激情、投入、正直和诚实。
- 意志精力的消耗与再生密不可分。
- 意志精力通过自我超越的目标和自我关心间的平衡得以维持。
- 意志功课会同时消耗和产生精力。
- 拓展意志力量与拓展体能的原理相同，都要突破我们的舒适区。
- 人类的意志精力甚至可以弥补严重不足的体能精力。

Part 3 第三部分

精力管理训练系统

THE TRAINING SYSTEM

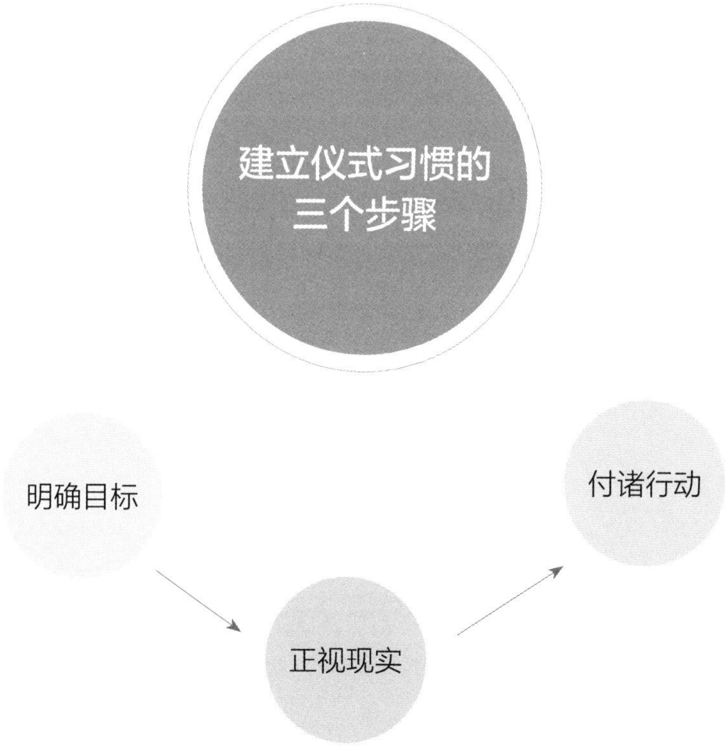

Chapter 8

DEFINING PURPOSE: THE RULES OF ENGAGEMENT

第八章

明确目标——知道什么最重要才能全情投入

《星球大战》三部曲里，天行者卢克打倒了自己最深的恐惧，战胜了黑武士和邪恶帝国，救出了莉亚公主。

只有树立目标，真正深刻地关心自己所做的事情，认为自己所为真正有意义，人们才有可能做到全情投入。使命感是我们的火种，我们的动力，也是我们的精神食粮。

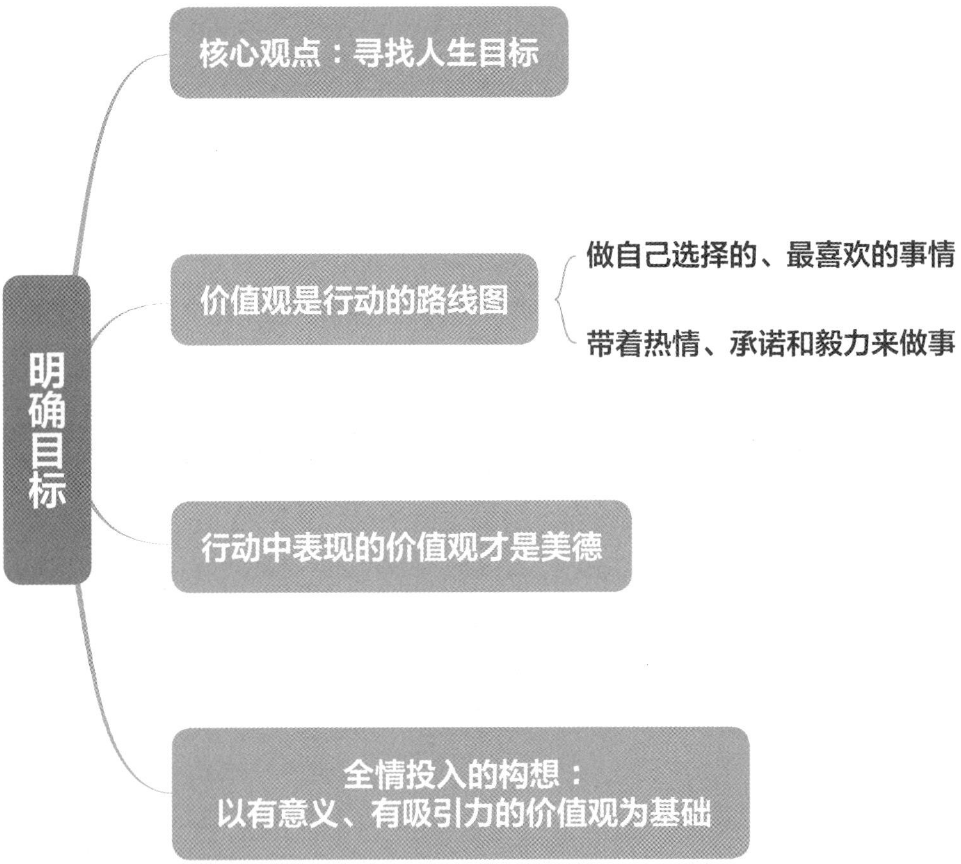
明确目标
核心观点：寻找人生目标
价值观是行动的路线图
做自己选择的、最喜欢的事情
带着热情、承诺和毅力来做事
行动中表现的价值观才是美德
全情投入的构想：
以有意义、有吸引力的价值观为基础

如果说成长和发展是自下而上的——从体能到情感到思维再到意志，改变则是自上而下进行的。意志力量是目标最充足的源泉，意志精力来源于深层价值取向和超越个人利益的目标。目标会激发决心。它促成了我们的全情投入，希望将精力集中在某件事或某个目标上。只有真正深刻地关心自己所做的事情，认为自己所为真正有意义，人们才有可能做到全情投入。使命感是我们的火种，我们的动力，也是我们的精神食粮。

每一种文化自诞生起，探寻使命和意义就是最广泛也最持久的主题。早期的故事中，荷马的《奥德赛》就渗透了这样的概念，此后探索者化为耶稣、佛祖、摩西和穆罕默德等。探寻使命也同样深刻地渗入现代流行文化。《夺宝奇兵3之圣战骑兵》重新讲述了珀西瓦尔用印第安纳·琼斯的身份追寻圣杯的故事,《星球大战》三部曲里，天行者卢克打倒了自己最深的恐惧，战胜了黑武士和邪恶帝国，救出了莉亚公主。这些电影娴熟地采用了探寻使命、正义战胜邪恶的典型论题，成为长盛不衰的经典巨作。

哲学家和神话学者约瑟夫·坎贝尔将探寻使命和目标的过程称作“英

雄之旅”，其基本元素在诸多文化和历史长河中熠熠发光。坎贝尔说，自我改造是人类最大的挑战。当改变的需求被唤醒，就成为英雄之旅的开端——启示、不适和痛苦。坎贝尔将它描述为“冒险的召唤”。一旦接受了召唤，我们就踏入了未知的领域，面临怀疑、不确定、恐惧和困境的磨难。有时，我们会意识到自己无法独自完成“英雄之旅”，这时便需要寻求精神导师的帮助。

许多考验都会将我们逼至放弃的边缘，但在“终极考验”中我们会手刃巨龙——直面内心的黑暗，召集未曾发掘的潜能，创造人生的意义。我们会为取得的成就欢欣鼓舞，但英雄之旅并不会到此为止。不负使命是贯穿终生的挑战。旅途仍在继续，真正的英雄永远在等待下一次冒险的召唤。从培训角度看，英雄之旅的意义在于调动、培养和定期更新宝贵的精力，支持我们完成人生最重要的任务。时势造英雄，不管是工作还是婚姻，作为父母还是子女，很少有人愿意甘于平庸，因为平庸低于我们对自己的要求；雇主、配偶、孩子、父母或者同胞，他人对我们也有更高的期望。我们希望自己在每个角色中都做到最好。

不幸的是，多数人从未踏上过英雄征途。原因说起来简单却令人难堪：我们太过忙碌，无暇追寻生命的意义。谁有时间和精力挖掘生活的使命呢?像罗杰一样的人有许多，过日子像梦游，大多数时间都是自动驾驶模式。我们会做好自己的义务，却很少深入探究是否能够达到更高的意义。还记得我们第一次让罗杰描述生活的意义时，他支支吾吾好久，最终只能求助于万能答案，“照顾家人，事业成功。”罗杰承认，其实他对任何事情都没有激情。

几年前，佛罗里达州奥兰多市在高速路旁栽下一排树苗，一直通到我们的训练中心。第一次暴风雨来临时，几乎所有树都被吹倒了。市政厅很尽责地安排工人把树扶起来，用成捆的铁丝木料重新固定。第二次暴风雨来了，树又被刮倒了。在接下来的一年里，倒和扶的循环反复了好几次，无论工人们使用何种方法固定树干，结果都是徒劳无功。

植树项目的负责人似乎没有想过，树木若要在强风地区存活，一定要把根扎深。这也是生活在自然中的写照。因为我们的根基薄弱——缺乏信仰和坚定的价值观，因而很容易被生活的狂风推来搡去。面对生活无常的挑战，如果我们缺乏使命感，便无法站稳脚跟；要么像罗杰一样，抱怨风雨，自我戒备，不再专注，要么干脆停止投入精力。“即使长时间工作，你也可能依旧懒散，”《工作生涯》的作者乔安·席拉写道，“不能积极投入阻碍了我们探寻意义，懒惰和缺乏关爱之心，让我们允许他人代做决定，告诉我们意义何在。”

衡量人生目标的力量

人生目标是一种独特的精力源。正如我们之前所说，人生目标会带来专注、目标感、激情和恒心。为了快速了解自己的生命意义，请拿出笔和纸回答以下3个问题，分别从1到10进行打分。

- 每天早晨上班时你的兴奋度是多少？
- 享受做事有多大程度是因为事情本身而非它带来的回报？
- 你认为自己对价值取向负有多大的责任？

如果3道问题的总分达到27分以上，说明你已经带着强烈的人生目标生活了。如果总分在22分以下，说明你的生活只是走过场。问题的关键并非在于生活赋予你怎样的意义，而在于你是否主动将生活变成自己价值取向的载体。正如维克多·弗兰克尔所说的：“毕竟，人类不应该询问生活的意义，因为他自己才是需要做出回答的人。每个人都要接受生活的质询。

他只能为自己的生活作答，并负起相应的责任。”

意志的发展有许多层面，正如体能、情感和思维发展也有许多层面一样。宗教学教授韦德·鲁弗斯将灵性定义为“了解最深层的自己和最珍视的事物”。这项定义放之四海皆准，并且可以灵活调用。当客户的精力从弥补过失转向培养价值观、为自己树立目标时，他们的生活才有可能发生巨大的改变。正如网球选手阿什所说：“我们依生活所赐而谋生，依己之付出而生活。”

安迪在2001年底找到我们。作为一家大型房地产公司的总裁和CEO，他感到自己完全游离在工作之外。“我之前出过一些健康方面的问题，药物让我感觉肿胀迟缓，但这都不是最严重的。我毕生都对工作充满热情，后来我遇到了些管理的难题，让我倍感挫折，灰心丧气，连早起工作都失去了意义。我觉得自己成了受害者，需要一条救生索。”

审视自己最珍视的品质给安迪带来了突破口。他列举了5条重要品质——恒心、正直、卓越、创新和投入。它们成为他改变的原动力和衡量改变的标准。

“每一天，不管是工作、锻炼还是陪伴家人，我都会问自己正在做的事情是否符合这5条品质。”安迪说，“如果我健身的理由是穿上两年前尺码的裤子，可能在最开始会有效果，但不会长久。而现在，当我在跑步机上想停下来的时候，我会想到恒心、正直和投入。如果没有这些信念支撑我，我肯定会想‘我在这儿干嘛’，然后放弃。”安迪把类似的调整也带入了饮食习惯。两个月之后，安迪成功减重32磅。因为健身和减重，他的精力水平也产生了质的飞跃。

安迪在工作时也搬出了这些品质。“工作中，我会问自己‘我在领导员工、制定方向和战略、回应市场时，是否反映出了这些重要品质？’对我来说，它们好似一面镜子，让我始终明白生命的意义，在我走入歧途时把我拉回正轨。我的使命意识增强了，我也在把这种精力传递给其他人。早晨醒来后我会一跃而起。我已经完全承担起公司的责任。现在是生活的目的引领着我前进，这是以前从未发生过的事情。”

积极的人生目标

当目标感从消极流向积极、从外部流向内部、从自己流向他人，它就成为生活中最强大也最持久的精力源。

消极的目标充满防备心理，它的本质基于缺陷，诞生于身体威胁或心理威胁。当我们感到安全和生存受到威胁，恐惧、愤怒甚至憎恶的情感都是可以调用的强大力量，却代价不菲。正如我们之前提到过的，负面情感容易耗尽精力，还会释放出对人体长期有害的荷尔蒙。

因为缺陷产生的目的也会限制我们的视野。设想一下，如果你坐在一艘行驶在海上的小船里，船底突然开始漏水，你的目的肯定是阻止小船沉下去。但如果你一直忙着舀水，肯定无暇顾及小船的航向。生活也是如此。当我们忙着填补漏洞，不让自己沉底，就没有多余精力探寻更深层的意义了。换句话说，如果我们能够将注意力从内心的威胁经历转移到挑战上去，就为生活开启了一系列全新的可能性。我们的生存动机不再是恐惧，而是可以引导我们、赋予我们意义的事物。

珍妮特是纽约一家大型媒体公司的高管，她认为自己总是带着追求卓越的使命感工作。她将追求卓越看作人生的首要价值，认为这种品质帮助自己在公司里稳步晋升。但是，和罗杰一样，当我们开始深入了解她的生活，看到的却是一幅不太相同的图景。珍妮特的同事在问卷调查中做出反馈，他们承认她投入、专注、聪明，同时评价她具有极强的控制欲和防备心。

这样的评价令珍妮特痛苦又让她振作。她一直以为，自己的动力来源于对卓越的追求，但她承认，自己从工作中并没有得到相应的乐趣，最多算是短暂的轻松，而轻松过后就会担忧起下一次挑战。她意识到，自己真正的动力是避免出错，即使很小的失误也让她感到无地自容，害怕受到自己和他人的批判。结果，珍妮特的视野过于狭隘，眼中只有失败的可能性。在身体层面，她开始出现头痛、腰痛的症状；情感层面，持续的紧张感耗尽了她的精力和热情，招来了同事的怨气；思维层面，求全责备的心态损害了她的冒险意识和创造力。

当珍妮特进一步分析自己的动力时，她发现，追求卓越的心理已经演变成一种暴力，完美主义的心态给自己和他人的生活造成了破坏性的影响。在树立价值取向的过程中，她说自己特别欣赏他人身上的善良和谦逊，希望自己也能拥有这些品质。

珍妮特决定每天早晨都用自己的首要价值取向提醒自己，一面积极追求卓越，一面不忘谦逊、为他人着想。她很快就拥有了更加积极、代价更小的意志精力源。

“我开始意识到，之前我一直把世界当作假想敌，”珍妮特告诉我们，“我也明白了自己并非全知全能。改变观点是我目前最大的挑战，幸好善良和谦逊与我为伴。我仍然不喜欢犯错，只不过我现在明白，犯错并不是世界末日。有时候，与他人交流比观点正确更为重要。”

内心的目标

当目的从外部转移到内心，也能提供强大的精力。外在动机反映了我们对某种事物得不到满足而产生的欲望——金钱、认同感、社会地位、权力甚至爱情。而内在动机则来源于对事物本身的兴趣，它的价值在于给我们带来内心的满足感。很久以前研究人员就发现内在动机能够提供更加持久的精力。罗彻斯特大学人类动机研究组发现，相比于基本只受到外在激励的变量组，实验组一旦拥有了自发产生的“真正”动机，就会表现出更有兴趣，更高昂也更自信的一面，也会表现出更多恒心和创造力。

没有什么外部激励的局限性比金钱动机的局限性更加直观。即使金钱是大多数人的首要激励条件，研究者却并未发现收入水平与幸福的直接联系。从1957年到1990年，美国的人均收入翻了一番（通货膨胀已计入），而幸福指数却没有丝毫提升，抑郁率反而升高了10倍。离婚、自杀、嗜酒和药物滥用的数字都有巨幅增长。

“人类需要食物、休息、温暖和人际交往，”大卫·迈尔斯在《追求幸福》一书中写道，“对于饥饿的苏丹人和无家可归的伊拉克人来说，金钱的确可以买到更多幸福，但是超出基本需求之后，金钱对于幸福的影响微乎其微……一旦我们跨入舒适的边界，金钱带来的满足感也减小了……收入和幸福之间的关系几乎可以忽略不计，在美国和加拿大尤为如此……收入也不会大幅影响人们对婚姻、家庭、友谊或自身的满意度，而这些条件都是幸福的指标。而幸福与效能息息相关。一言以蔽之，金钱或许买不到幸福，幸福却能帮你变得富裕。”

外在激励实际上会损害内在激励。研究员马克·莱珀和大卫·格林观察了一群幼儿园的孩子玩耍，分别确定他们最喜欢的活动。每当孩子们做自己喜欢的游戏时，研究员都会奖励他们。孩子们的兴趣一旦与外部奖励联系起来，很快就全面消退了。在另外一项研究里，成年人每次完成拼图都会受到奖励。结果，像孩子们一样，他们对于拼图的兴趣也持续下降。很显然，人们可以被物质奖励或外部激励所驱使；但是，只有在自由选择并享受事物本身的情况下人们才会表现出更多热情，从中获得更多乐趣。

詹姆斯是某企业公关部门的高管，从业20多年。由于待遇优厚，他和妻子得以买下心爱的大房子，生活条件愈加舒适，时常有机会享受奢侈的度假，3个孩子都在读私立学校。詹姆斯的工作很考验思维，但他从未在工作中迸发灵感，也不曾因为工作而情绪高昂。公司给予的回报几乎都是外部奖励。当步入奔五的年龄，詹姆斯开始渴望获得更多东西。在寻找人生目标的过程中，他发现，传授知识和学习知识能带给他最深切的满足感。他最开心的时光是大学和研究生时期，那时他可以纯粹为了学习而学习。

于是，詹姆斯踏出了改变的第一步，他在白天做自己的本职工作，晚上在当地大学兼职教授传播学课程。6个月后，大学邀请他管理公共信息系，并继续教学工作。新职位的薪水只有现在的40%，但詹姆斯毫不犹豫地答应了。他辞去了公司里的工作，此时，妻子也决定重返职场，这样就弥补了部分收入缺口。

头一年，詹姆斯偶尔也做自由咨询来补充收入，夫妻俩开始注重储蓄，保持收支平衡。第二年，他们开始削减不必要的开支，尤其是奢侈品方面。詹姆斯也放弃了之前的自由职业，因为他做起来都是半心半意的。

在之前的职业生涯里，即使收入一直稳步增长，詹姆斯总是很担心钱。到了生活的新阶段，他几乎不再考虑到金钱的问题。最小的两个孩子都读大学了，于是他和妻子决定卖掉大房子，搬进一栋小一点的房子，更大幅减少了支出。现在的工作时长实际上比之前的短，然而，因为他满怀热情和使命感，工作效率达到了前所未有的高度。他还发现，他有了空余时间，可以参加一个非全日制的历史学研究课程。历史曾是他大学时期的兴趣，后来因为不太可能获得丰厚收入而放弃了。而恰好新工作的福利之一就是可以免费参加该项课程。

超越个体的目标

点燃深度人生目标的第三步，就是将目标设定从满足自我需求变为超越个人利益。不可否认，人们会想方设法变得富裕、知名，或者受到更多关注。但是人们愿意为这些目标付出的极限在哪里？因为价值信仰不顾生命危险的案例不胜枚举，士兵在战场上通常如此，“9·11事件”中踏入浓烟滚滚的世贸中心的纽约消防员也做出了同样的选择。想象一个场景，一名被金钱驱使的医生，与一名医者仁心、精益求精的医生，面对同一位病人，一心想增加收入的医生和关注病人得到了照顾的医生可能会做出完全相反的决策。如果两人医术相当，你更希望哪位医生在生死关头主宰你的命运？

“工作让生活变得更好，”乔安·席拉在《工作生涯》中写道，“如果工作的内容是帮助他人、减轻痛苦，让我们变得健康和幸福；或者它能从美感、智力方面丰富内心，改善我们生活的环境。”很多客户因为自己不幸福、缺乏激情，而责怪工作环境，但是工作的本质并不决定意义和激励。所有人都需要通过自身努力将工作场所变成传递和培养深层价值观的土壤，比如指导他人，增加团队凝聚力等，或仅仅是尊重他人、关心他人，交流积极精力等等。我们每时每刻做出的微小选择才是衡量生活的真正标准。

明确人生目标需要时间，安静、不被干扰的时间，许多人恰巧缺乏这样的条件。我们总是在各种任务之间疲于奔命，找不到方向。花时间思考意义和目标几乎变成一种奢侈和任性。而投入的精力恰恰是一项具有潜在回报的投资——精力水平提升、专注力增强、高效产出以及深深的满足感。

如果我们还是流连于快节奏生活的表面，就无法进行深度挖掘。事物不能同时在水平和垂直方向上移动。与客户合作的过程中，我们的一个目标就是帮助他们放慢脚步，放下心头盘旋的焦虑和压力，直到能够站在一旁仔细评估自己做出的每个决定。所有长期存在的精神传统意识都强调祷告、抽离、沉思和冥想，在安静的氛围里回归内心最珍贵的所在，这并非偶然。你可以从思考一个简单的问题开始："我现在的生活是否值得我曾为之放弃的一切？"

价值观与美德

人生目标扎根于精力，而深层价值取向可以提供精力。这是一种持久的行为模式——实现自我愿景的旅程中遵循的"投入法则"。对于权力、财富或名利的追求或许都算作动机，但这些事物都属于外部激励，是为了满足某种缺陷而非为个体带来成长或转变。人们或许很看重自己能否打败敌人、挣得比邻居多、获得上流社会地位或特权，但这些并不能成为我们要客户寻找的价值取向。我们相信价值自有其内在意义。它们可以激发灵感、丰富生活，这是任何人、任何事都不能影响的。

纵观不同的文化、宗教和时代，大众普遍推崇的价值观始终如一——正直、慷慨、勇气、谦逊、怜悯、忠诚、恒心，其对立面也同样遭人唾弃——欺骗、贪婪、怯懦、傲慢、无情、不忠和怠惰。为了找到内心最坚定的价值取向，我们建议你留出一段不受干扰的时间，回答以下问题：

- 如果现在就是人生的尽头，你学到的最重要的3件事是什么？为什么它们如此重要？
- 想想你最敬重的一个人，描述他/她身上你最钦佩的3种品质。
- 你能做到的最好的自己是什么样的？
- 你希望你的墓志铭如何总结你的人生？

每一道问题都是帮你寻找深层价值取向的工具。这些价值观会决定你

“投入的法则”。对你最重要的事会反映在你最看重的人生课程中，你最钦佩的他人品质中，尤其是你对自己的最高期望里。后面的“深层价值取向清单”列举了一些最普遍的价值取向，仅作参考。你也可以加入其他条目，最终目标是找到最能激励你的价值观。

价值观是终极的行为指南。不加实践的价值观只是空话，它们必须足以影响一个人每天做出的决定，才有意义。说一套做一套不仅是伪善的表现，还代表人格的断层和失调。我们的价值观越坚定、我们越受其引导，它越能为我们提供强有力的精力。

体现在行为中的价值观才是美德

我们可以将慷慨作为价值观，但行事大方才是美德。合力作用在我们将价值观转换成美德的时候才会出现。只认识到我们的首要价值取向是不够的，接下来需要细致规划如何将其融入日常生活，并且不惧外界阻力。譬如：“为了实践慷慨，我会花精力关心他人、不求回报，自愿将我关心的人的事情安排在自己之前，即使有时会给自己带来不便。”

我们通常的行为都是权宜之计，并非由价值观推动。我们选择此刻让我们感到舒适的做法，或者暂时填补空缺、减轻痛苦。感到焦虑时，应急行为可能是吃巧克力饼干、抽烟或喝几杯啤酒。如果某个重要项目的截止日期正在逼近，应急行为可能是提高嗓门，对下属呼来喝去。如果犯下招致麻烦的错误，你或许会选择推脱责任，归咎他人。

价值会影响精力管理的标准

[深层价值取向清单]

真实	幸福
平衡	和谐
承诺	健康
热情	诚实
关怀他人	幽默
勇气	正直
创造力	善良
共情	知识
卓越	忠诚
公平	开放
信念	恒心
家庭	尊重他人
自由	责任心
友谊	安全
慷慨	平静
真诚	服务他人

如果你看重自身健康，或许可以抵御饼干、香烟和酒精的诱惑；如果你尊重他人，即使身处压力之下也会表现出自控；如果你看重正直的品格，则更有可能承担犯错的责任。在舒适安全的环境下，按照价值观行事相对容易，真正的试炼出现在需要我们抵制片刻欢愉、做出付出乃至牺牲的时刻。此时，价值的意义才会真正凸显，它不仅是行为的准则，也是所有精力的来源。

言行一致

我们来回顾一下巴里的案例。他告诉我们，自己的首要价值观是尊重他人，然而直接下属却抱怨他总是让他们等待。只有当他把二者结合起来时，才看到自己言语和行为的断层，意识到自己必须改变。迈克尔也是如此，这个卖掉股票表明立场的投资顾问也是在重拾正直、关心他人的价值观后，才决心改变自己长期以来的行为。

基于价值观的行为未必会带来更多金钱回报。即便如此，吉姆·柯林斯在《基业长青》一书中也证实，由价值观驱动的公司长期效益更好。我们认为，有力的价值观会在各方面增加全情投入的程度。换句话说，在价值观驱动的人生中，你更有可能将激情、投入和恒心带进所有的事情。

苏珊是一位广告营销专员，她就工作环境大倒苦水，尤其是那位永远不会满意的上司。不论苏珊做出何种成绩，上司都会让她觉得还不够好。苏珊觉得自己渐渐不再投入，工作三心二意，效率降低。她这样想，如果努力得不到回报、工作不被老板认可，还有什么理由和必要付出心血呢？沮丧和怨恨消耗了她的精力，而精力低下则导致工作表现大打折扣，表现不好让她的心情更糟。她越是觉得糟糕，做事就越难集中精力。

我们让苏珊明白，她的问题在于将自己的价值完全交给外人评判。如果她投入精力的目标仅仅是为了取悦老板，结果只会是接二连三的失望。当她将注意力转向内心，挖掘深层价值观，发现自己最看重的是卓越和投入。她按照自己的价值观规范行为，心情渐渐好转。虽然身处一个不被认可的环境仍然让她苦恼，但是由于重新专注于工作，她的表现和精神状态有所好转，她决定换一个岗位。两个月后，她调入公司另一个部门，为一位她喜欢的、激励他人的上司工作。

事情并不总是那么简单。有时我们也不得不忍受严苛的老板和高压的工作环境。即便如此，只要我们坚持自己的价值观，仍然可以带着自信力量和尊严做出正确的选择，不被愤怒、怨恨和不安的情绪困扰。在某些时候，换个环境的确可行，不过困难和挑战并不会就此消失。归根结底，我们的行为依然需要符合自己的价值观。

全情投入的构想

明确目标的下一步，是构想如何投入自己的精力。好的构想需要一种谨慎的平衡。一方面，为了激发灵感，它需要有远大的目标，甚至有点超出能力范围；另一方面，为了满足可操作性，它需要脚踏实地，细致规划，因人制宜。我们会要求客户分别写出对个人生活和工作的构想，不过很多人都选择用一篇文章涵盖两个方面。无论哪种方式，构想意味着创造一幅充满可能性的图景，一份行动的蓝图，一种防止做出短视应急反应的缓冲。

49岁的莎拉是一家小型咨询公司的总裁。她首先为自己树立了6种核心价值观——正直、尊重他人、卓越、感恩、关心自己和服务他人。接下来，她在日常的实际行为中细化了这些价值观。例如，她将“正直”定义为“遵守承诺，承担责任，如果没有做到就会立刻弥补”，“感恩”则意味着“承认并感谢上天的恩赐，看到人和事物最光明的一面”。对莎拉来说，“关心自己”就是要“将自身健康和幸福作为首要任务，坚持从各个方面提升自己”。

通过几个月的不断修改，莎拉最终拿出了一份构想，既基于她的首要价值观，也加入了理想和现实的具体细节：

“最重要的是言行一致，让行为符合我的价值观。我坚定捍卫自己的信念，对于学习和成长保持开放心态。工作中，我要帮助别人进步，更快更好地融入团体。尊重身边每一个人，和善体贴。

在个人生活中，我心怀感激和喜悦，我要无私地对待丈夫、孩子、所有大家庭成员和亲近的朋友。我也要照顾好自己，不仅要保持身体健康，情感、思维和意志也要达到平衡状态。

不论发生怎样的事情，我都感恩自己所获得的一切。为他人服务不仅是一项责任，也是一项特权。”

构想是精力投入的规划，经常拿出来提醒自己，可以为你指正方向，提供行动所需的精力。

文斯是纽约股票交易所的交易主管，改变工作和生活的精力管理习惯是他的重要转折点。“重回核心价值帮我重新分配了精力。”他说，“我曾经整个人都无精打采的。在确立目标的过程中，我意识到需要重新建立与家人的关系，那是我首要的价值观。做一个好丈夫和好父亲说来容易。在自评过程中，我意识到，每天要分配精力给我珍视的人和事意味着我要戒掉饮酒的习惯，因为喝醉时我就不能真心陪伴妻子和孩子。它还意味着我要开始锻炼身体，才能更好地处理工作的压力，在家时才能拿出更多精力。戒酒、按时锻炼、陪伴家人，给我的人生态度带来了重大转折，让我成为了更好的丈夫、更好的父亲和更好的上司。”

你要记住这些要点

- 从有文字记载开始，追寻使命感就是人类文明长河中必不可少的主题。
- “英雄之旅”需要调动、培养和更新我们最重要的资源——精力，才能协助我们完成最重要的使命。
- 如果缺乏强烈的使命感，我们很容易迷失在生活无常的风暴里。
- 当使命感从负面变成正面、从外部转向内部、从自我变成他人时，才能为我们提供更强大、更持久的精力。
- 负面目标源自缺陷，且充满防备性。
- 内部动机指的是我们对某件事物本身渴望，渴望仅仅源于其带给我们的满足感。
- 价值观能够提供实现目标的精力。它会带来精力管理标准的变革。
- 在行动中体现的价值叫作美德。
- 基于明确的价值观的设想蓝图可以指导我们如何投入精力。

Chapter 9

FACE THE TRUTH: HOW ARE YOU MANAGING YOUR ENERGY NOW?

第九章

正视现实——你的精力管理做得如何

我们常常在周围的人身上看到愤怒、憎恨、傲慢或贪婪，却很少承认这些情绪也存在于我们的内心。

古代希腊人在帕纳萨斯山一侧刻下两句警世名言，其中一句“认识你自己”最广为流传，另一句可以简单翻译为“认识你全部的自己”。我们只有满怀震惊地看到真实的自己，而不是看到我们希望或想象中的自己，才算迈向个人生活现实的第一步。

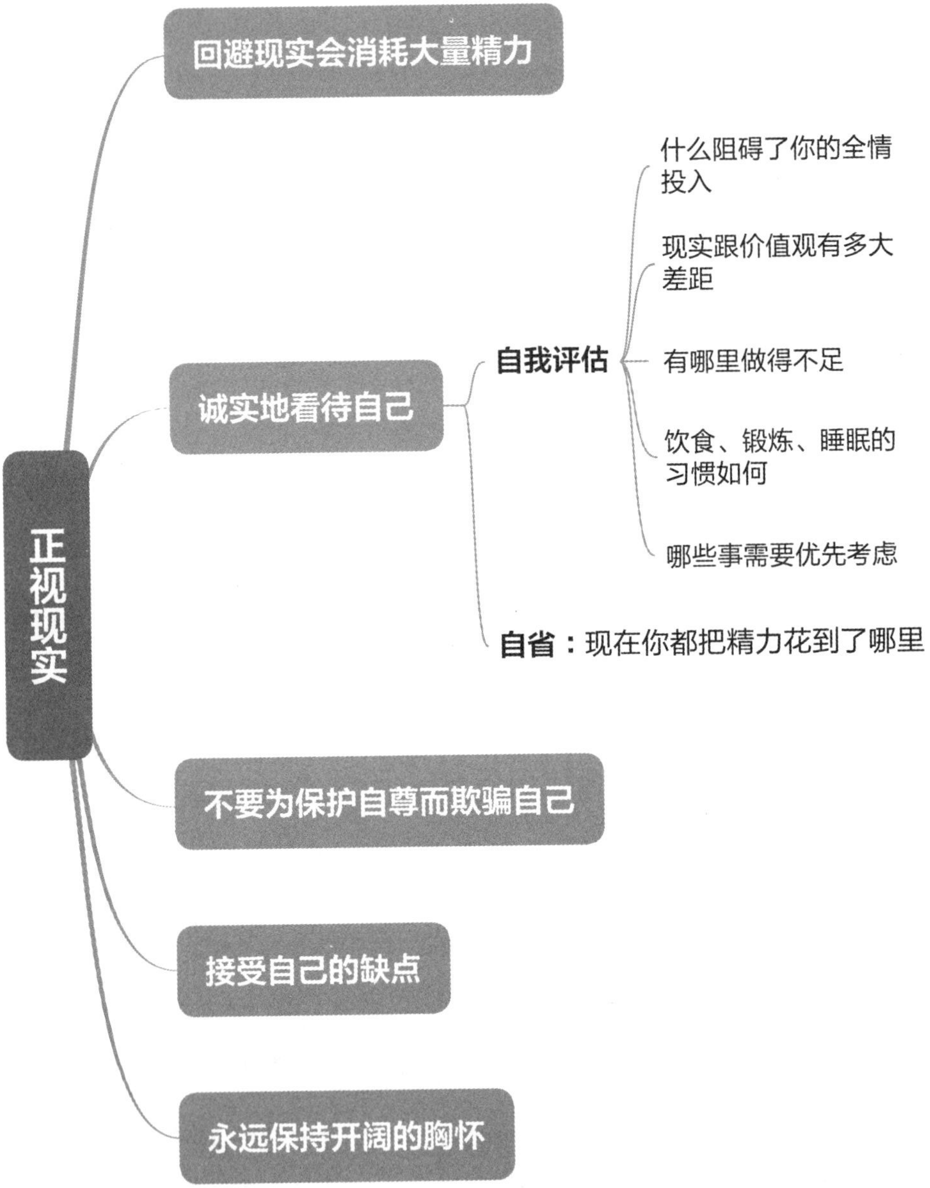
正视现实
回避现实会消耗大量精力
诚实地看待自己
自我评估
什么阻碍了你的全情投入
现实跟价值观有多大差距
有哪里做得不足
饮食、锻炼、睡眠的习惯如何
哪些事需要优先考虑
自省：现在你都把精力花到了哪里
不要为保护自尊而欺骗自己
接受自己的缺点
永远保持开阔的胸怀

厘清价值观是一回事，每天都按照价值观做事是另一回事。认识到当前的我们与理想的差距，从来不是一件容易的事情。每个人对于自我欺骗都拥有无限潜能。我们有数不清的手段将意识从不愉快、令人沮丧或不符合设想的事实上转移走。如果不能吹散迷雾、擦亮镜子，诚实地看待自己，改变便无从谈起。特立独行的精神学家R. D. 莱因曾巧妙地用一首短诗概括了这个道理：

我们思想与行动的上限

是我们未看清的事实

因为我们看不清

所以无法

做出改变

直到我们明白

正是无法看清的现实

塑造了我们的思想和行动

在前面的章节中，我们讨论过全情投入和最优表现取决于调动积极精力的能力。面对痛苦的现实会带来更多令人不悦的情感，包括内疚、愤怒、沮丧、嫉妒、伤感、悲哀和不安。在所有层面中，互为对立的情绪之间都有紧迫的张力。当我们需要投入时，显然高-正面精力最有裨益。为了发挥出最优水平，我们必须学会放下负面的情绪；一旦逃避痛苦的现实变成了生活常态，最终的苦果还是要由我们自己承担。拒绝现实好似竖起一根手指支撑堤坝——当压抑的情绪最终释放，可怕的后果将四处泛滥，引起焦虑、抑郁或麻木，损害工作表现，摧毁婚姻关系，甚至导致身体上的疾病。

拒绝现实偶尔也会带来益处。“9·11事件”发生时，劳伦·曼宁正在世贸中心里，她的皮肤被严重烧伤，她却并未立刻感受到疼痛。如果她能完全感知自己的受伤情况，肯定会立刻崩溃甚至死亡。可是她竟然在建筑物倒塌之前逃了出来。然而，痛苦也让她感到了危险。当时曼宁的受伤程度已经超出常人承受范围，但她还是带着全身40%面积的严重烧伤跑到医院。极度危险的时刻，顾及疼痛与先前忽略疼痛一样，对拯救她的生命起到了至关重要的作用。

然而，面对日常生活中并不具有生命威胁的痛苦时，我们常常会使用相同的方法，本能地将其挡在意识之外。当这种方式变成解决问题的万能钥匙，代价就来了。令人不快的现实并不会因为我们不关注它而自行消失。

否认是停止投入的有效方式，它意味着关上一部分自我。当我们害怕真相，就会变得防备心重，思维固执，思维局限。否认好似一剂麻药，让我们不再因为真相痛苦，但同时也剥夺了我们自由感受的能力。不仅如此，因为否认和自我欺骗需要消耗精力，可用于重要事务的精力也会相应减少。不过幸运的是，反之亦然。以开放的心态看待自我会带来自由。《道德经》有云：“强大处下，柔弱处上。”

面对现实让我们有机会理解和应对负面情感，而不是漫不经心地应付掉。某些情况下我们会不可避免地达不到，甚至违背价值观的要求，但与其否认自己的短处和失误，大方承认会让我们学到更多。要想变得高效，我们必须诚实面对生活中最痛苦的事实和冲突，同时怀抱希望和积极精力投入生活，最终在上述两者之间找到平衡。从精力角度来看，陷入负面情感实在太容易了。保持乐观需要勇气，不仅因为人生有限，还因为在这有限的过程中，挑战、阻碍和挫折总是无法避免。

以一种极端的情况举例。当你失去一个很亲近的人，如果无视并否认悲伤和难过的情绪，伤口最终会从内部溃烂，直到你再也无法忽略它。同样，如果你沉迷在绝望中，不愿回到现实，失落和悲伤就会加剧。悲伤与其他不良情绪一样，在间断的情绪波动中才能逐渐平复，需要开启闸门让悲伤涌出，然后再从安慰、欢笑、希望和振作中寻求化解。

有些情况下，刻意忽视某些真实的信息会很有帮助。这并非是紧急事件的专利。运动员必须把全部精力放在任务上才能赢得比赛。这需要他/她暂时放下对家人的担忧，隐隐作痛的膝盖，甚至是对技能水平的不自信。放下令人注意力分散的事情，对于在工作中取得成功也是必要条件。当你需要全情投入某项任务而非故意逃避时，放下焦虑和成见会产生有益的效果。选择性忽视并不总是代表否认或逃避困难，相反，它可以成为一种策略，暂时搁置，以便在更加合适的时机处理。

自我欺骗往往在潜意识中进行，为人们带来短期的安慰和长期的恶果。我们欺骗自己以维护自我形象——或者自我设想中的形象。为了逃避那些最痛苦、最难以接受的事实——大多发生在我们的行为违背了深层价值观的时候——我们会采取一系列的应急策略让自己好受一点。药物和酒精能暂时压制不适的感觉，创造出一切相安无事的假象。暴饮暴食、荒淫无度甚至工作上瘾都会产生类似的效果。“所有形式的上瘾都是有害的，”精神分析专家卡尔·荣格写道，“不论这种致幻剂是酒精、吗啡还是理想主义。”

防御系统

每个人都有一套自己的防御系统。麻木也是防御的一种形式，不论现实多么令人困扰，本人就是没有任何感觉。例如，一场逐渐恶化的婚姻，其中一方（有时是双方）通过收敛情感精力进行防御，而不是处理困难。文饰也是一种常见的抵抗事实的手段。某些客户可能会承认自己粗暴、急躁或者吹毛求疵，但下一句话就会用一个看似冠冕堂皇的借口解释自己的行为，例如事出紧急之类的。

纯理性探讨是一种在思维上认可事实却在情感上置之不理的方式。一位领导或许会向自己的队伍义正辞严地宣扬诚实、正派和团队合作，日常生活中自己的行为却与这些美德背向而驰。影射是另一种更阴暗的自我防卫方式，常存在于邪恶的内心。包括将自己难以承认的冲动归结到他人身上。我们常常在周围的人身上看到愤怒、憎恨、傲慢或贪婪，却很少承认这些情绪也存在于我们的内心。

为任何情况做好最坏的打算也属于扭曲事实的一种，因为此时我们眼中的事实并非事实，而是透过狭隘的悲观镜头看到的情景。“病体化”指的就是将不愿承认的焦虑和愤怒转化为身体病症——头痛、消化不良、背痛、颈痛等。伍迪·艾伦的笑话，“我不生气，但我长了一个肿瘤”，其实相当真实。我们会因为自己的背痛或偏头痛引起他人的恻隐之心，焦虑和悲观却做不到。过度补偿——将不被接受的情感如贪婪转化为过度慷慨——是一种更加积极的防卫方式，即便是这样，行为背后的负面冲动依然存在。

诚实地看待自己的行为仅仅是第一步，为自己的选择负起责任同样重要。真相或许能还你自由，却替代不了你接下来要做的事情。例如，让一位客户勇敢承认自己超出理想体重25磅，而不是他之前声称的5到10磅，是一个积极的信号，同时却容易抹杀事实的重要性。他或许会说“不过我感觉良好，所以有什么大不了的”或者“几乎所有我认识的人都会超重”，又或“我只是最近压力有点大，过了这阵子我再减肥”。仅仅承认超重的事实并不算作结束，承认超重的后果同样重要——精力不足，罹患糖尿病或心脏病的风险更大，甚至过早死亡。我们必须认识到事实并且采取相应的行动，才算是认清了事实。后文的表格列出了10种最常见的应急反应的益处和代价，每一项都注明了短期效应和潜在的长期后果。

影子中的自我

卡尔·荣格使用“影子”来描述我们从自我意识上剥离出去的、违背自我形象的一部分。弗洛伊德称，人们用压抑的方式把不想要的情绪流放到自我意识之外。在佛教里，人们用内观冥想克服施展骗术的本能，学习如何看清事物的真实面貌。我们忽视或否认的一切，终将在我们的行为中体现出来。如果我们在成长过程中认为表达愤怒是不可取的，会损害个人形象，它就会以伪装后的其他形式出现，比如批判或挑剔，固执或心怀怨恨。如果我们有盲点，我们会不自觉地暗算他人。

出于对内心深处软弱无力的恐惧，恃强的人会蛮横粗暴地对待他人。因为不愿承认内心的不足，成功的领导者永远都在吹嘘自己的成就，炫耀自己交识权贵。由于不愿面对内心的嫉妒，礼貌得体的女主人会用其他的微妙方式诋毁身边的人。“邪恶的本质缺陷并非是罪恶本身，而是自我否认。”《少有人走的路》的作者斯科特·派克写道，“邪恶攻击他人，而不

益处与代价

应急行为	当前益处	代价	长期影响
悲观态度	失望更少，风险更小，抵抗力更强	正精力减少，人际关系生硬，幸福感降低	工作表现、身体健康、幸福感均受到不良影响
工作–生活失衡（长时间工作，无暇陪伴家人及朋友）	工作上取得更多成就，情感风险更小，避开工作以外的责任	缺少维持亲密关系的时间，家人及朋友产生不满	情感需求得不到满足，容易焦躁、发怒；精疲力竭；懊悔，内疚；缺乏热情
愤怒和焦躁	促进行动；释放紧张	激怒同事，引起更多不满	让他人变得消极、不满，损害亲密关系，危害健康
麻木	减少痛苦和压力	激情减少，与他人的纽带减弱	生活停留于表面，缺乏人生意义，表现下降
压力与恢复失衡	短期内取得更多成就，带来高效的假象	疲倦，热情减退，表现下降，健康亮红灯	健康受损，精疲力竭，损害人际关系和各方面的表现
一心多用（比如一边打电话一边发邮件）	完成更多的任务，高效感，高度兴奋	注意力分散，与人交往心不在焉，工作质量下降	人际关系浮于表面，专注工作的能力减弱，工作质量下降
不良饮食习惯（高脂、高糖）	带来瞬间的喜悦和满足感	高胆固醇，增重，正面精力难以维系	增加肥胖、心脏疾病、中风、癌症和早逝的风险
防备同事	与人保持安全距离，避免承担责任	疏远同事，损害团队协作，阻碍自己向他人学习	孤立、生硬、糟糕的人际关系，无法提升工作质量
过度沉迷酒精和药物	产生瞬间快感，释放紧张感和焦躁，与人相处更加自在	损害专注力，表现时好时坏，情绪无常，人际关系出现问题	健康风险大，损害亲密关系、自尊心和各方面表现
不锻炼	腾出时间工作或者处理其他事情，不用付出精力	精力、力量和身体健康水平下降，思维消耗不易再生，更容易得病	损害健康，专注力减退，正面精力减弱，增加早逝风险

承认自己的失败……因为必须否认自己是坏人，所以只能把别人当作坏人。”

以上情况反过来也许同样成立。若困在狭隘的自我视角中，我们也不会注意到或有意培养自己的能力。我们或许可以尽力压制自己令人反感的一面，但同时也很难认可自己的优秀品质。面对现实也包括认可并欣赏自己的长处。

几千年以来，智者们逐渐认识到，精神的终极挑战是“觉醒”。古代希腊人在帕纳萨斯山一侧刻下两句警世名言，其中一句“认识你自己”最广为流传，另一句可以简单翻译为“认识你全部的自己”，指出我们必须透过表面看到本质。很多现代思想家也提出了同样的见解。“我们只有满怀震惊地看到真实的自己，”精神学家爱德华·惠特蒙写道，“而不是看到我们希望或想象中的自己，才算迈向个人生活现实的第一步。”

未察觉的事实

最初找到我们的时候，罗杰自认为诚实直率，显然具有美化现实的倾向。我们发现这个现象非常普遍。面对长期的需求，人们很容易进入一种长期的暗自焦虑和轻度不满的状态，并将其当作常态，几乎忘却了其他感觉。或者，我们进入否认或麻木阶段，说服自己一切良好，即使我们已经被自己的应急选择拖入长期的自毁状态。

在我们的努力——还有罗杰同事的帮助下，罗杰发现，自己会使用许多手段否认生活中的不如意或逃避为此承担责任。责怪他人并将自己看作受害者是一种常见的方式。他把工作中遇到的麻烦统统归咎于老板对他不够关心和不景气的经济环境，用时间不受掌控来解释自己为何不锻炼、饮食不规律、不陪伴孩子。

罗杰也很擅长将自己的不健康行为合理化，并使用一定程度的自我欺骗。我们将其称为“活得好好的”病症。罗杰告诉自己没什么大不了的，可以每周几支烟（事实证明是每周十几支的程度），或者一天结束之后喝两杯（有客户的话就是三四杯），或者长几磅肉（如果20磅也算作“几磅”的话）。当罗杰因为某些行为产生负罪感，或被处境压得喘不过气来，就会走向另一个极端，看到黯淡无光、自我贬低的形象，一心只想要缓解不适，于是新一轮的自我欺骗又开始了。最重要的是，他总是选择否认。

罗杰绝不是我们见过的最极端的案例。我们认识一位在医院工作的呼吸系统治疗师——治疗肺气肿和类似病症——最近被诊断出肺癌。原来她已经有20年烟龄了。即使看上去难以置信，10年来她还是成功地对每天都会看到的恐怖景象视而不见，主观切断发生在别人身上的恶果与自我行为的联系。

几年前托尼参加了一次关于情感智力的会议，与会者有一位学术心理学家，他一直是该领域的先驱。托尼在小组讨论时提议：“请举例说明在过去几年里您是如何增加情感智力的。”“这很难做到。”心理学家有点难为情，“在学术领域还没有足够的论据支持情感智力具有可延展性。”

收集事实

若要面对现实，你需要将自己当作研究对象，对人生进行详细审查并为此承担行为后果。为了尽快获取直观感受，请拿出一张纸、一支笔，用至少30分钟回答以下问题：

- 从1到10，你如何为自己在工作中的投入程度打分？是什么阻碍了你的表现？
- 你的日常行为有多少符合你的价值观，并为你的使命服务？脱节的地方在哪里?

- 你的工作表现多大程度上反映了你的价值观、符合自我构想?在家的表现呢?社区中的表现呢?哪里做得不足?
- 身体方面的日常习惯——饮食、锻炼、睡眠、平衡压力——如何有助于你的核心价值观?
- 在所有情况下你的情感回应如何符合你的价值观?在工作中与在家里是否程度不同?如果答案是肯定的,为什么会出现这样的情况?
- 你对清晰区分任务的轻重缓急和持续的专注力表现如何?优先级的事情多大程度上符合你所认为的最重要的事情?

我们进入下一步的探究,问题也更具有开放性。如果精力是你最宝贵的资源,那我们来看看你的精力管理情况是否契合你最看重的事。

- 睡眠、饮食、锻炼习惯如何影响你可调动的精力?
- 你有多少负面精力消耗在了自我防御上——沮丧、愤怒、恐惧、怨恨和嫉妒?反之,你有多少正面精力投入在成长和产出上?
- 你有多少精力投入在自己身上,有多少精力投入于他人?对当前的平衡你感觉如何?对这样的平衡,你最亲近的人有何感想?
- 你消耗了多少精力为超出你掌控的事担心、沮丧,并试图影响它们?
- 最后,你是否明智且高效地投资了你的精力?

为了更加具体地研究精力管理对表现的影响,下表列举了一些我们的客户中最常见的表现障碍。我们称它们为全情投入的障碍,因为其阻碍了精力的最优分配。无论是急躁、缺乏共情或是糟糕的时间管理,都会成为问题,因为会对你和他人的生活带来负面精力的后果。当你浏览该表时,请一并思考每项障碍是否同样影响过你工作和生活中的精力储备及质量。

收集这些信息的过程可能比较痛苦,但也极具启发和回报。可供分析的数据越多，我们越能准确指出你的几大表现障碍。当需要改变具体的精力管理方式以提升表现时，这些表现障碍可以为你指引方向，帮你选择建立新的、积极的生活习惯。

[**常见的表现障碍**]

精力低下	不信任他人
急躁	不正直
防备心强	优柔寡断
态度消极	缺乏沟通技巧
挑剔他人	缺乏倾听技巧
抗压能力低	缺乏热情
情绪化/易怒	缺乏自信
不能团队合作	缺乏共情
不灵活/死板	过度依赖
精力不集中	工作与生活失衡
高度焦虑	消极/悲观思维
糟糕的时间管理	

观点与现实

自我欺骗的另一种形式，便是认定自己的观点就是事实。实际上观点不过是一种解读，是我们自主选择的看待事物的角度。如果没有意识到这一点，人们就会围绕片面的“事实”进行二度创作，最终将自己的版本当作事实。然而，看似真实的东西未必真实。虽然这种情况下的现实有可能是不可更改的，然而我们赋予它的意义却全由我们自己决定。

一场历经数周筹划的会议结束后，托比——一家电脑公司的销售员——感到非常振奋，因为一笔金额可观的交易似乎已经势在必行。第二天，他给这位潜在客户发了一封跟进邮件，建议他们开始准备第二次面谈。几天后，他仍旧没有收到回复。于是托比决定打电话，给这位很有合作希望的客户留了一封语音信息，这次仍旧没有回复。这时，托比开始发挥自我创作，就像他每次感到灰心丧气时都会做的那样。“显然这个人完全没有兴趣，”他总结道，“我只是被自己蒙蔽了，以为第一次面谈多么成功。我肯定是做错了什么。最近这样的事情发生了很多次，显然我的销售手法有问题。”托比又羞又愤，决定不再跟进这个客户。

两周后，与朋友盖尔共进晚餐时，他又提起了这件事。盖尔对这些事实却有着不同的解读。“在过去半年里你不是做成好几笔大单子吗？”她问道，“你自己也说这些都是大宗商品，本来就不会匆忙交易。如果上次会议结束时那个人看起来很热情，那他一定感兴趣，也许只是最近太忙了，这件事先往后放了放。不如你过一周再给他写封邮件，就当作跟进上次会议的结果。”

虽然很不情愿，也心存怀疑，托比还是听从了盖尔的建议。这一次，发出邮件10分钟后他就收到了这位潜在客户的回复，邮件中这样写道：“我很抱歉，那次见面时忘了告诉你，我要外出度假两周。我仍然很有兴趣，不如我们再约时间聊聊接下来的流程。”

打败托比的是他自己想象的故事，而并非事实本身。幸好他的朋友从更积极的角度切入此事，并成功扭转了托比的态度和精力性质。正如心理学家马丁·赛利格曼所说：“当我们的自我解读采用个人的、消极的和渲染的角度（都是我的错……结果总是这样……会影响我做一切事情），我们会放弃并失去动力。若能采取相反的角度，我们会受到鼓舞，获得精力。”在没有细节佐证的情况下，托比或盖尔的想法都不足以称为事实，但是显然，乐观的解读更容易给人行动的力量。

过于纠结自己的一面之词——无论乐观还是悲观，不仅是一种假象，更是一种危险。如果我们能跳出情境，增强观察能力，就会看到更完整更全面的情况。通过拓宽视野，我们可以变成生活戏剧的观众，而不仅仅是讲述喜怒哀乐的演员。内观冥想有时就被称为“见证”——观察自己的想法、情绪和感觉，而不是深陷其中。正如精神学家罗伯特·阿萨乔里所说，自我意识可以从“我就要陷入焦虑中了”向更为冷静的“焦虑正在试图控制我”的角度转变。从前一种角度看，我们是受害者；从后一种角度看，我们依然拥有决策和行动的能力。

“我也可能是错的”

朱莉是一位高管培训师，她的工作是向他人提供建议。她的问题是，有些客户会强烈反对她的意见。她本能地将这些客户定性为固执、防备心强、不愿诚实看待自己。通过我们的细心观察，朱莉显然害怕自己犯错，因此对批判有激烈的抵抗心理。即使她并不自知，但遇到与她相反的观点仍让她感觉软弱无力，对她的自尊也是一种威胁。结果朱莉将大量精力用来捍卫自己的观点。即便她聪明又机敏，也无法脱离自己的视角看待问题。

喜剧演员丹尼斯·米勒的单口相声非常有名，他会用搞笑的口吻抨击名人和有权势的人，捉弄他们过度膨胀的唯我独尊和伪善。他的每个段子都会用一句宽慰的话结尾：“当然这只是我的看法，我也可能是错的。”这是一种聪明又巧妙的自我调侃，承认他也可能跟自己取笑的人一样自大。对于朱莉来说，她的挑战是放下防备心和固执，意识到它们正在妨碍她看到自己和客户的真实一面。

面对真相需要保持开放的心态，认同自己被蒙蔽的可能性。品德之间会产生相互作用，没有谦逊调和的自信会演变成夸张、自傲甚至幻想。在《基业长青》一书中，吉姆·柯林斯和一组研究员分析了多位CEO的性格品质，这些管理者的公司在近几年都有飞速增长。令柯林斯感到惊奇的是，最成功的企业并非是由最有魄力或最聪明的领导者打造的，但成功企业的领导人都完美地融合了两种看似矛盾的品质：坚定的决心和谦逊。

面对逆境，坚持不懈是通向成功的必经之路，这点很容易理解。但是最成功的领导人是如何能做到谦逊、不求闻达、乐于分享的呢？从一定程度上看，他们的谦逊给予了他人成长的空间。他们本能地意识到，任何大型公司的成功都取决于是否给予员工归属感，是否让他们感觉自己受到重视和有价值。真诚的谦逊也使得这些领导者更容易包容异见，承认自己的想法未必一贯正确。他们拥有足够的自信，即使偶尔犯错也无损于他们的形象。如果我们不在维持表象上投入过多精力，就更有可能看清事实和真相，从中学习和成长。建立这套训练系统的过程中，我们自身也受益匪浅。我们的确对于传授这套系统充满热情，同时也明白，我们的系统终究是一个需要不断进步的研究成果。我们并非知道所有的答案，我们的想法也需要在实践中打磨，在质询中进化，在不同的观念中丰富壮大。

“我怎么会是那样的人”

虽然听上去很难接受，但是有的人会让我们看到自己最想隐藏的一面，而我们对这些人往往抱有最大的敌意。爱德华·惠特蒙说：“如果让一个人描述他最蔑视、最不能忍受、最痛恨和最难以共处的性格类型，他会写出自己性格中最压抑的一面……这些品质之所以难以忍受，正是因为它们代表着他最想否认的自己。因为我们无法接受自身的某些品质，才会难以与带有相同品质的他人相处。”回想一下你特别讨厌的某个人。他/她身上什么性格让你最反感？然后你应该问问自己：“我是那样的吗？”

高管培训师朱莉目睹了自己的巨大转变。每当有人不赞成她的意见，而她认为自己正确的时候，她都要自我提问："与我相反的意见或感受会不会也是正确的？"一旦她接受了这种可能性，承认异见正确但不用否定自己，戒备心就会慢慢消退。在合气道中，武士通过与对手的攻击之气融合来取得优势，而非正面对抗。在接受全部的自我之前，我们最大的敌人仍旧是自己。

心理学家詹姆斯·希尔曼称，人们终究需要在自我认同和持续努力改进自己的弊端之间找到平衡：

> 自爱并非易事……因为它意味着爱全部的自我，包括内心和外界都不能接受的阴影部分。关注这令人羞耻的部分便是解药……(但是)绝不能丢弃道德操守。解药本身是一种自相矛盾，需要融合两项缺一不可的配方：一方面从道德上意识到这一部分自我是种负累，不可忍受，一定要做出改变；另一方面认可并微笑着接受自己的不足，敢于正视它们，永远带着喜悦之心。既要努力改变又要学会放手，既要严格批判又要欣然接受……

真相的目的是还我们自由，面对真相的过程则无法一蹴而就。它需要反复练习，就像我们锻炼肌肉一样。自我意识若不加使用便会荒废，若超越抗拒心理、发掘更多真实就会得到强化。正如我们必须回到健身房，超越抗拒心理，练习举重以增强或保持体力，我们也必须坚持正视自己不愿看到的一面以增强思维、情感和精神的能力。

然而，无休止地追寻真相就像过度拉扯肱二头肌一样会有损健康。人类学家格雷戈里·贝特森说："无论任何事物都有最适合的区间，超出限度就会产生有害后果——氧气、睡眠、心理治疗或哲学均是如此。"太多真相可能令人难以消化，甚至起到适得其反的效果。例如，在炭疽热恐慌中，了解炭疽热的医学常识很有必要，包括如何辨别它的症状以及最佳治疗方式；然而若是详细阐述它的危险，可能会打消人们斗争的勇气，消耗精力，而不是鼓舞士气。

《平静祷文》是精力管理理想状态的完美入门指导：“上帝，请赐予我平静，接受我无法改变的；请给予我勇气，改变我能改变的；请赋予我智慧，分辨这两者的区别。”我们耗费巨大的精力担忧无法控制的人和事，而更好的选择是，将精力集中在可以切实改变的事物上。面对现实会帮助我们认清两者的区别。

由于人们的自我价值感脆弱易碎，面对不愿承认的自我会觉得受到了威胁。我们要带着勇气跳入未知的世界，也要理解自己不愿面对事实。我们必须有意朝真相的方向前进，明白自我保护意识有时会拖累我们的步伐。只要我们理清视野，就会看清面对的阻碍。直面人生中最艰难的真相是种挑战，也是种解脱。当我们不再需要遮遮掩掩，就不再畏惧暴露自己。大量的精力得以释放，用于全情投入生活，拥抱自己的力量并持续加强锻炼。即便走了弯路，我们也可以承担起责任，重新调整轨道。

你要记住这些要点

- 面对真相能够释放精力。它发生在确立目标之后，是通往全情投入的第二阶段。
- 逃避真相会消耗大量精力。
- 我们会自我欺骗以保护自尊。
- 有些真相太难以承受，无法一次性消化。
- 不带怜悯的诚实是种残酷，对人对己均是如此。
- 我们不愿承认自己身上具有某些品质，却仍然会不自知地表现出来。
- 自我欺骗的常见形式是认定自己的看法就是真相，而它不过是我们解读世界的方式。
- 面对真相需要我们保持开放的心态，承认自己被蒙蔽的可能性。
- 过于坚持自己的一面之词是种假象，也是危险。我们都是光与暗、美与丑的混合体。
- 承认自己的局限性能帮助我们降低自我防御，增强积极精力。

Chapter 10

TAKING ACTION: THE POWER OF POSITIVE RITUALS

第十章

付诸行动——积极仪式习惯的力量

所有表现卓越的人都依靠积极的仪式习惯管理精力和规范行为。如果你一直久坐不动，打算开始锻炼身体，你可以最开始每周3次、每次步行15分钟，然后逐周增加步行时间或加快步伐。

在本书的“实用资料”部分，你会找到“个人精力管理计划”，它会带着你一步一步走完全程，包括确定重要价值观、构建预想，针对你的首要表现障碍建立习惯，为自己的行为承担责任。

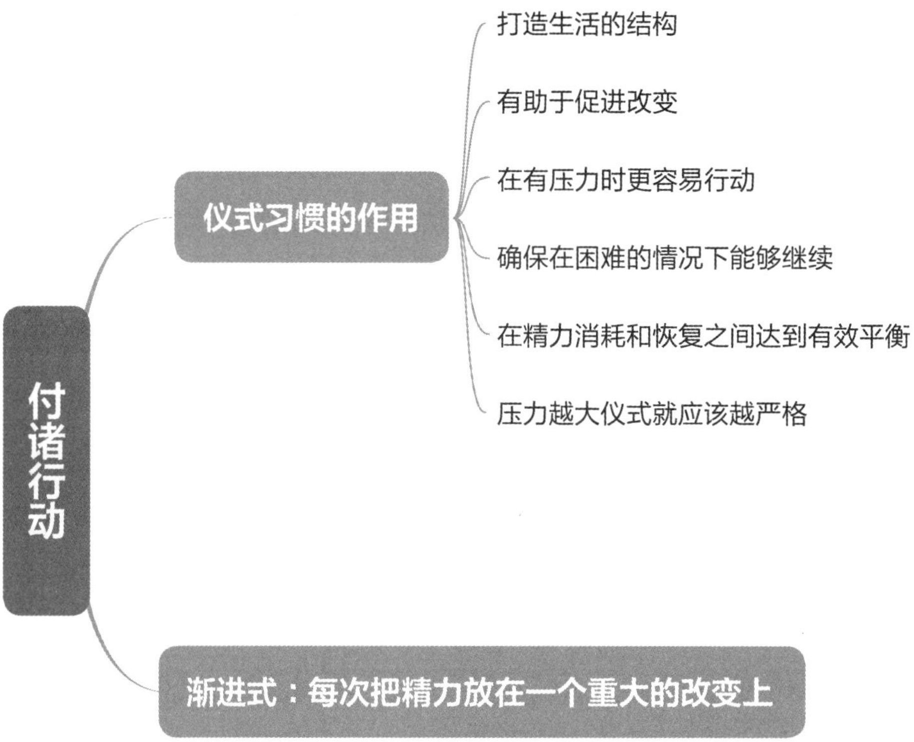
付诸行动
仪式习惯的作用
打造生活的结构
有助于促进改变
在有压力时更容易行动
确保在困难的情况下能够继续
在精力消耗和恢复之间达到有效平衡
压力越大仪式就应该越严格
渐进式：每次把精力放在一个重大的改变上

伊万·伦德尔并非这个时代最有天资的网球选手，但他曾5年位列世界头号种子选手。他的锋芒来自日常的磨练。他在球场上长时间训练，日程安排以分钟计算，这些都并不足以令人惊叹。让他从锦标赛选手里脱颖而出的，正是他几乎在生活各个方面都保持着相似的习惯。在球场外，他也拥有一套精细的健身计划，包括短跑、中长跑、自行车马拉松和力量训练。他还通过芭蕾杆上训练加强身体的平衡感和优雅度，坚持低脂、高复合碳水化合物的饮食，并且在精确的时间按时进餐。

伦德尔每天都要进行一系列思维专注练习，提高专注力，并不断加入新的内容，确保大脑始终面对挑战。在锦标赛时期，他会明确告知家人和朋友，不要用分散精力的事情给他增加负担。不管面对什么样的事情，他要么全情投入，要么有策略地离开。他甚至细致地规划了放松和恢复的时间，包括休闲高尔夫、午后小憩和定期按摩。比赛期间，他会依靠另一套习惯保持专注，在思维中做出预判，每次走到基线发球时都会遵循这套步骤。他长久以来的对手麦肯罗曾对他如此评价："可能我并不喜欢伦德尔，但我还是要肯定他的努力。体育界没人像他一样刻苦……伊万或许不是最有天赋的选手，但他在身体和思维上的付出是杰出的，他比其他所有人都努力……他靠不断练习获得成功。”

泰格·伍兹则是现代版本的伦德尔，虽然他拥有更多的天赋。他同样在每个层面——体能、情感、思维和意志保持严格的精力管理习惯，相应的回报则显而易见。伍兹20多岁时不仅能够达到技能的巅峰，他还是高尔夫运动有史以来表现最稳定、最突出的选手。

人们可以合理地推测，伦德尔的成功秘诀里应该包含超出常人的信念和自律。事实或许并非如此。有研究机构的实验表明，人类行为只有5%是受自我意识支配的。我们是习惯的产物，因而我们的行为有95%都是自动反应或对于某种需求或紧急情况的应激反应。伦德尔的成功，在于他正确认识到良好习惯的力量，将后天习得的精准行为融入日常，接受清晰的目标感的支配。

积极的精力仪式习惯有三点重要性。首先它确保精力有效使用在当下的任务上，其次能够减少行为对主观意愿和自律的依赖，最后，它还能将价值观和目标感有效转化为行动，通过日常行为展现我们最为看重的事物。

应激性适应

像许多人一样，罗杰也是不良习惯的囚徒。这些习惯多数都是应急措施，只能快速聚集精力而不考虑长期的后果。不吃早餐让罗杰可以早点进入办公室，却无法维持他整个上午的精力水平。咖啡和健怡可乐是罗杰用来对付睡眠不足的人工手段，不锻炼则是因为他在被其他事务拖累，无力抽身。罗杰很难想象得出，如果他能坚持下来，锻炼也会变成一种恢复手段，帮他补充长时间伏案工作消耗的体力、思维和情感。

焦躁易怒是罗杰发泄沮丧的方式，他并没有考虑到这些负面情感对他人和自己精力储备的影响。夜间饮酒和偶尔抽烟能够立刻缓解压力，但它们也同样会在短期内消耗精力，为健康带来长期的危害。与妻子和孩子保持一定距离避免他继续消耗精力储备，却也让他失去了亲密关系的情感滋润。最后，罗杰选择了用心不在焉的方式对待生活——通过不投入任何事来保留精力，也不留给自己深入思考的余地。

罗杰曾经半心半意地试图改变行为，最后都以失败告终。他并非个例，大多数人都曾在尝试改变的过程中碰一鼻子灰。比如，人们常常在新年夜许下改变自我的坚定承诺，结果没过多久就掉入旧日的行为模式。习惯好比船锚，它确保我们即使在最艰苦的环境里也会依循价值观支配精力。每个人都会经历生活的风暴——疾病苦痛，失去至爱，遭遇背叛和失望，生活困窘，失业等。这些情况正是考验品格的时机，此时精力使用的选择就变得尤为重要。

面对的困难越大，
人们越容易退回旧日的生存习惯，
因此良好的习惯非常重要

优秀的人才，不论是运动员还是战斗机飞行员，外科医生还是特勤战士，联邦调查局探员还是公司的CEO，人们都需要依靠积极的仪式习惯来管理精力，达到最终目标。我们发现，对有清晰明确的价值观的人而言，积极的习惯也同样重要。“每次我们参加一项仪式习惯，都是在表达自身信仰，无论是否以语言的形式呈现。”埃文·英伯-布莱克和简宁·罗伯茨在《我们时代的仪式习惯》一书中写道。“每晚坐下来一起享受晚餐的家庭，在无声而明确地传达着他们相信家人共度时间的重要性……夜晚的床头读书时间让父母和孩子有机会分享彼此对事情的看法，这种纯粹的行为表示相信亲子关系可以带来温暖、爱护和安全。”

伊万·伦德尔那样高度规划的日常习惯很容易被他人看作死板极端并置之不理。我们建议你思考一个或一群你钦佩的人物，或者审视自己在生活中最高效的领域。如果跟我们大部分客户一样，你很可能已经在不自知的情况下养成某些行为习惯了。可能是个人卫生习惯，规划全天的习惯，或者陪伴家人的习惯。习惯并不会妨碍自主性，而是提供一个舒适安全的氛围让我们自由地发挥、勇敢地冒险。想象一位伟大的运动员顶住巨大的压力，在看似不可能的情况下得分取胜；一位受过良好训练的医师正在进行一场精密的手术，在生死关头却做出看似违反常理的决策；或者一位经理提出一种新颖的交易形式，打破了艰难的谈判僵局。习惯能够创造出一个稳定的框架，而突破性的创意往往孕育其中。习惯还可以留出精力恢复和再生的时间，加深人际关系，实现精神反思。

主观意愿和自律性的局限在于，每一项对我们自制力的需求——不论是决定午餐内容还是控制挫败感，制订健身计划还是坚持一项困难的任务——都会消耗我们容易枯竭的精力储备。

一系列的创新实验展示了自制力在日常生活中的作用。其中一项实验中，研究者要求受试者在数小时内不准进食，任务完成后在他们面前摆上巧克力饼干和糖果。第一组人得到许可随心所欲，第二组被要求放弃点心，只能吃小萝卜。第二组人成功地拒绝了甜食的诱惑，在接下来的高难度拼图游戏中，第二组人却比第一组表现得更缺乏耐心。第二项实验里，节食者面对诱人的食物表现出自控，却更容易在接下来的诱惑中挑战失败。第三项实验里，一组受试者被要求把手放在冰水里一段时间，但是接下来的校稿任务中他们的表现明显低于未接受冰水挑战的受试者。

仪式习惯的持久力来源于精力节约的本质。“我们不该培养先思后行的习惯，”哲学家怀特海于1911年写道，“反过来才是正确的。当人们不靠思索便能做出的行为越来越多，文明才得以进化。”意愿和自律推着我们行动，而悉心养成的仪式习惯会吸引我们做出行动，一旦做不到还会产生不适感，例如刷牙，沐浴，清早吻别爱人，观看孩子的足球比赛，或者周末给父母打电话。如果我们需要一个能够持久的新行为，肯定不能花太多精力来维持它。

主动性和自律比我们想象的更加稀缺，因此我们必须选择性地取用。即使很小的自控行为都会耗尽储备，这次主动运用精力意味着下次可用的精力减少。清晰的事实是，我们每天只有非常有限的精力来进行自控。

我们可以通过加大二头肌或三头肌的使用来增强力量，同样也可以有策略地锻炼自控能力。锻炼我们的自控、共情和耐心，超出平常的限度，然后留出时间，容它休息和恢复，这些“肌肉”就会逐渐强壮起来。不过，更高效的方法是尽快建立积极的仪式习惯，抵消主动意愿和自律的局限——因为习惯是自发产生的，不需要消耗意志的精力。

压力与恢复的仪式习惯

仪式习惯最重要的作用是确保精力消耗与更新达到有效平衡，更好地为全情投入服务。所有表现出色的人都拥有一套自己的习惯，最大化在压力与恢复之间有节奏地转换的能力。吉姆发现的得分间歇休整习惯几乎被所有的顶级网球运动员采用，有力地证明了它的重要性。仅仅需要16～20秒，这些高度精确的习惯就变成了高效的恢复方式。

在任何表现至上的领域，压力与恢复的平衡都至关重要。我们越能高效恢复精力，越能尽快储备资源以备调用。我们同许多华尔街的交易员合作过，他们每天都要在电脑终端前坐很久，几乎没有休息时间。当我们第一次建议他们养成恢复的习惯时，他们毫不掩饰地哈哈大笑起来。

“我们连去厕所都没有时间，”他们说，“哪里来的时间恢复？”我们向他们解释了运动员是如何高效地恢复精力的，指出60～90秒的间歇休息也同样有效。在我们的鼓励下，他们开始寻找适合自己的休息模式：60秒深呼吸锻炼，戴上耳机听一首最爱的歌曲，打电话问候伴侣和孩子，走下4层楼再爬上来，在电脑上打一盘游戏，吃一条能量棒……休息的方法越有计划和条理性，越能提供更多的精力。

彼得在最迷茫的时候找到我们。他是一位作家，正在创作一本高难度的著作，但他没有信心能赶上截稿期。彼得一直以来习惯于长时间坐在电脑前的工作方式，但他也承认很难保持注意力，尤其是在下午。我们要帮助他完成从马拉松选手到短跑选手的思想转变，为此，我们一起讨论了几种有条理的休整方式，穿插在他高度紧张的工作中。

因为彼得说每天早晨是他精力最充沛的时段，我们建议他从6点半开始工作，持续90分钟，其间不涉及其他的事情。为了减少精力的分散，他同意在写作期间关掉手机，也不查收电子邮件。早上8点，彼得停止写作，与妻子和三个孩子一起吃早餐。我们也建议他改掉一杯橙汁加一个百吉饼或一个松饼的早餐传统，换成一杯能持续供应精力的蛋白质饮料。早餐结束后，彼得在8点半左右回到工作上，在不被打扰的情况下工作到10点。这时他要给自己安排20分钟休整，10分钟轻举重锻炼，10分钟用来冥想，并在回到办公桌之前吃一块水果或一把坚果。

第三段工作时间从10点半到12点，结束后他会先外出慢跑，然后回来吃午餐。经过这4.5小时的集中工作，他的产出是往日10个小时的两倍。下午他会读书、研究资料，或者处理其他事情。因为对一天的成果非常满意，晚上他也能够更加全心全意地陪伴家人。

面对难度越大的挑战，仪式习惯越要细致入微。拿士兵备战举例，基础训练的安排非常细致——尤其是海军，只需8~10周就能把一个柔弱、胆怯、邋遢的少年变成结实、自信、充满使命感的士兵。新兵会被强制要求在各个方面养成习惯——走路和说话的方式，作息时间，进食时间和内容，照料身体的方式，压力下的思考和行为方式。正是这些行为习惯让他们能够在正确的时机做出正确的行为，即使面对死亡也全然不惧。

持续性与改变

习惯能够把生活变得有条理。如今，我们被多重选择、无限的信息和无止境的需求前所未有地包围着。一家行业内领先的金融公司的高层管理者告诉我们："当今美国商业面对的最大难题就是无止境的欲望。任务成功不会带来满足感，因为下一项甚至再下一项任务已经摆在你的眼前，好似踏上了一台永不停歇的跑步机。"清晰的仪式习惯能够划出界限，让你有机会更新和充实自己，为接下来的挑战做好准备。

伊万·伦德尔每次准备发球时，都会用护腕擦一下眉毛，用球拍磕磕两个鞋跟，从口袋中拿出锯末，弹球4次，想象着击球部位。在这个过程中，伦德尔正在重新校准精力——排除干扰事物，让身体平静下来，聚焦注意力，重新投入状态，全身准备发出漂亮一击。实际上，他的身体内部运行着一台精准的计算机，到了确定的时间就自行启动相应的程序。成功的管理者、经理和销售员都有自己的"战前准备程序"，可以是通过散步调整状态，用腹式呼吸放松身体，或预演讲话要点，或围绕预期目标排练话术。

除了建立延续性，仪式习惯还有助于改变。几千年来，我们都通过各种仪式分享成果、感谢生活的恩赐、开启人生的新篇章。犹太教的成人礼，天主教的受洗，还有生日、周年和毕业的庆祝活动等用来记录成熟的阶段。感恩节和圣诞节的传统让人们表达感恩，与所爱之人团聚。婚礼标志着单身生活的结束和婚姻生活的开始——在宣告新阶段开始的同时对未来许下承诺。广义而言，仪式为我们人生中的重大时刻赋予了不同的特别意义。

不幸的是，许多人对于仪式习惯都抱有不良的印象，可能是因为幼年被迫参加过某种仪式。当仪式习惯或习惯变得空洞、陈腐甚至沉重，很有可能是因为失去了同深层价值观的联系。为了保持仪式习惯的生命力和活力，我们需要达到一种精巧设定的平衡。如果失去了仪式习惯的条理和清晰性，我们将永远暴露在生活的压力之下，陷于得过且过的模式，被有限的个人意愿和自律性束缚手脚；如果放任仪式习惯变得生硬乃至僵化，最终它们会变得枯燥无趣，甚至消磨我们的热情和产出能力。

我们面临的挑战是双重的，一方面要坚持仪式习惯，面对生活将我们抛出轨道的威胁；另一方面要定期更新仪式习惯内容，确保它的活力。例如，任何举重训练都需要规划好运动方式，然而，如果持续以同样的方式锻炼同一处身体部位，力量最终会停止增长，人们也会失去兴趣，心灰意懒，很有可能就此放弃。健康的仪式习惯能够跨越从过去的舒适感到未来挑战之间的沟壑。当我们以最佳的方式利用仪式习惯时，它会带来安全感和持续性，而不会妨碍改变和潜在的灵活性。

关键的行为

成功建立有效的精力管理仪式习惯需要依靠多种因素，但最核心的，仍然是30天或60天的养成周期中对于时间和行为的准确规划。

泰德和妻子多娜一起参加了我们的培训。就像许多人一样，他们抱怨繁忙的工作剥夺了陪伴彼此的时间。那时他们经营着一家目录邮购公司，两人的对话要么有关工作，要么关于家里3个青春期孩子的琐事。

泰德和多娜决定建立一个仪式习惯，每周六上午安排1个半小时留给伴侣，决不让外界事物干扰二人世界。第一个星期六如约而至，两人都有紧急的事务要处理。当他们准备坐下来交流时，已经过去了1个小时。一个孩子已经醒了，需要父母送他参加体育比赛。不知不觉，紧张的一天压制了他们兑现陪伴彼此的承诺。

第二周的情况基本类似，因此泰德建议，把仪式习惯开始的具体时间确定下来——早上8点钟，任何情况都不能违反。夫妻俩承诺，这段时间里不接电话，也提前告知孩子们不要来打扰。在一家人的共同努力下，仪式习惯终于得以成功进行。几周后，第二个问题出现了。因为泰德过于强势地倾诉自己的感受，大部分时间都是他在讲话。为了解决这个问题，他们商量过后，决定从多娜开始，前45分钟交给她掌控，后45分钟才轮到泰德。我们向他们询问后续情况时，这项仪式习惯已经建立2年有余。虽然中间有几次没能按时执行，但它已经成为生活非常重要的一部分。夫妻俩都认为这个仪式习惯帮他们重新建立了亲密感，不论生活变得多么忙碌，他们都会抽出时间陪伴彼此。

道格是一家大型金融服务公司的高管，主管数千名金融顾问。他很早就意识到仪式习惯的重要性。为了维护自己的重要价值观和目标，他制订了一系列重要举措，包括每周与妻子约会，承诺女儿的比赛每场必到。对于他这种级别的高管来说，还有一项举措不同寻常：每周三下午1点钟外出打1个小时的网球，还有每周五下午1点钟在青年教会打1个半小时的篮球。秘书将这两次运动记入他的周日程，当作重要安排处理。对于道格来说，这两次运动是重要的精力更新的方式。如果他在工作日以随性的态度找时间锻炼身体，八成会以泡汤告终，与妻子和女儿的约定也是如此。

精准具体的规划

众多论据充足的研究都能证明，将时间和行为精准化和具体化，会在很大程度上增加成功的可能性。为了解释个中缘由，我们需要再次提到有限且易逝的自控能力储备。如果确定了时间、地点和具体行为，我们就不必在完成上思虑太多。这个模式得到许多实验结果的证实。某项研究要求参与者写一篇圣诞前夜的规划报告并在48小时内提交。其中一半参与者被要求明确他们准备写作的时间和地点，另一半参与者则不作要求。结果第一组有75%的人都按时交上了报告，第二组只有三分之一做到了按时提交。

另一项研究要求女性受试者在一个月时间内定期自查乳腺情况。两组受试者都对该活动表示出浓厚兴趣和坚定决心。一组人需要提交她们为自查安排的时间和地点，对另一组人则没作此项要求。第一组人几乎全部完成了这项任务，第二组只有53%的人完成了任务，而实验开始前两组人对于任务的决心并无差别。

第三个研究的目标是提高大学生对健身计划的参与度。为了达到激励效果，先给他们看了一组健身能显著降低冠心病发病率的数据，学生参与度从29%上升至39%。接下来，研究员要求学生们写下自己详细的锻炼计划，参与度奇迹般上升到91%。同样的结果也出现在帮助人们改善饮食习惯的实验里。如果人们提前规划每顿饭的具体内容，则更可能摄入健康、低热量的食物。

或许最令人吃惊的情形是对于一群处于脱瘾期的吸毒者的实验。在脱瘾期里，吸毒者需要调用全部的精力抵抗毒品的诱惑，使得额外的事件变成不可能的任务。在帮助戒瘾者重返社会的项目里，研究者要求一组人下午5点之前上交一份个人简历，没有一个人能做到。第二组人被分配了同样的任务，唯一的不同之处在于他们需要写明自己何时何地开始制作简历，结果80%的人都完成了任务。

习惯的精准和具体化确保我们能够顶着压力完成任务。比尔·沃什是旧金山四九人队赫赫有名的前教练，他曾这样描述他的执教方法："从头到尾，你的注意力必须放在做好事情上。包括每一次比赛，每一次训练，每一次会议，每一次情况，每分每秒。"他的方法可以应用在任何需要表现的领域。熟能生巧，但生巧的首要条件是练习的内容和方式是正确的。如果在放松状态或毫无压力时不能完成任务，那么在高强度压力或面临危机时就更不可能完成。建立精准的仪式习惯能够抵御压力产生的精力分散和恐惧。"在不利情况下，人们思考得越少，得到的结果越好，"沃什说，"当你处于压力之下，思维会给你添乱。你越是保持专注，越能更好地处理突发情况。"

精确性和具体性也能将习惯与价值观联系起来。仅仅构建愿景蓝图还不够，只有时常温习才能产生强大的意志精力。小儿神经外科医生本·卡森就是绝佳的例子。"我发现良好的晨间习惯——冥想或安静地阅读可以为一天定下良好的基调。每天早上我会用半个小时阅读《圣经》，尤其是《箴言》，里面蕴含了如此多的智慧。如果这天遇到了令人沮丧的情况，我就会回想早晨阅读的内容，例如箴言16章32节，'不轻易发怒，胜过勇士；治服己心，强过夺城。'"

我们的客户都找到了自己的方式，重新找到连结生命意义的精力。有些人在起床后写日记，有些人冥想、祈祷或阅读鼓舞人心的文字，有些人在沐浴时思考人生，还有人将自己的构想蓝图设为电脑桌面，在空闲时间读读想想。有一位客户把他的生活理想和职业目标印在卡片的两面，夹在车里的遮阳板上面。每天早晨上班途中，他会拿出几分钟温习自己的职业目标；晚上下班途中，他把卡片翻到背面，阅读自己的人生理想。最重要的并不是我们沟通生命意义的方式，而是要养成重拾生命意义的习惯。

做还是不做

当我们将某个意图以负面的方式表达出来——“我不会暴饮暴食”或“我不会生气”，就会很快地消耗掉意愿和自律的储备。“不做某些事”需要持续的自控力，尤其是面对原有的习惯和诱惑——例如吃甜点或在社交场合饮酒。为某一特定场合设计一种正面行为叫作“事前准备”。譬如，为了防止过度饮食，事前准备可以是“如果我感受到甜点的诱惑，就去吃一片水果”。

乔治是一家小型咨询公司的管理者，他很容易在沮丧或事情不顺利时发脾气，严重损坏了他工作中的人际关系。而且由于他把善良当作重要的价值观，他对自己也非常不满意。经过细致研究后我们发现，乔治的脾气在长时间工作或不能按时吃饭的情况下更容易爆发。他无数次下决心控制自己的冲动，但没过几天就回到了原来的行为模式。

他首先需要做的是适当休息和按时进食。接下来，我们建议乔治将注意力放在自己想要有的行为而不是想要抵制的行为上。如果他感到生气，首先进行深呼吸，什么话都不要说。最终开口时，我们建议他放低音量，因为情绪激动时他的声调会越来越高，无异于给情绪加了一把火，让别人更不愿意跟他交流。最后，我们要求乔治面带微笑，即使最初是强装出的微笑。有相当多的证据显示，微笑能够缓解焦虑，防止人们做出“非战即逃”的反应。毕竟，谁能够一边微笑一边生气呢。

毫无疑问，乔治起初觉得这些行为非常尴尬，做起来也非常困难。在某些极端情况下，他甚至忘得一干二净。然而没过几周，这些习惯就变成了自发反应，在情况非常严峻时才发生例外。乔治也发现，沮丧时保持微笑可以带给他看待问题的新角度——紧张感减少了，他的态度温和了，还有心情开开玩笑。

量变达到质变

虽说有可能一顺百顺，也要注意过犹不及。做出改变需要跨出个人的安全区域，因而改变最好由浅入深。举个例子，你的新年愿望是瘦身和健康，于是你满怀决心和热情走进健身房，规定自己要经常慢跑，每周至少做3次举重训练。在同样的信念下，你打算节食，减少一半卡路里摄入量，抵制一切甜食和单糖化合物。最后，你决心晚上早睡，早晨提前1个小时起床。你甚至为自己的新生活做出了详细规划。

还不到10天时间，节食计划就泡汤了。你只去了两次健身房，作息时间一点没变。为什么会这样？答案是你一次性设定了太多改变，远远超出个人意愿和自律的有限能力，所以很快又退回到原来的生活模式。你不仅仅没有坚持下来，还会告诉自己江山易改本性难移，原本的生活方式是不可能改变了。

依我们的经验，你需要慢慢养成习惯—— 一次只关注一项重大变化，每一步都设定一个可行的目标。如果你一直久坐不动，打算开始锻炼身体，起初就设定每周五次、每次慢跑5公里是不现实的。高度细化、科学设定的训练计划会大大增加成功的可能性。比如，你可以最开始每周3次、每次步行15分钟，然后逐周增加步行时间或加快步伐。只有越过舒适区才能发生成长和改变，但是太过急迫也会增加放弃的概率。体验阶段性成功是个更好的选择，它能帮你建立自信、增强耐性，寻求更具挑战性的改变。我们称之为“串联仪式习惯”。

基本训练

在本书的《实用资料》部分，你会找到“个人精力管理计划”，它会带着你一步一步走完全程，包括确定重要价值观、构建预想，针对你的首要表现障碍建立习惯，为自己的行为承担责任。我们发现，有两种细节能够明显增加一个周期里30～60天仪式习惯的成功率。我们称作基本训练，它们是建立新仪式习惯的基础。

规划方式　它的形式丰富多变，但本质相同：每天设定养成习惯的任务，重复预想，明确目标，设定自己的相应行为。有些客户只需5～10分钟就能完成，有些人需要半个小时或者更多时间。有些人可以在沐浴的时候进行，有些人需要在安静的房间里，或在散步、慢跑甚至坐车上班的时候思考。

路径规划包含许多不同的因素。对有些客户来说，与慷慨、共情、诚实或自信等价值观连结，在支持某种特定行为或达成某个具体目标时更有效。有些人认为提前预判可能出现的挑战或困难更有用，也有人喜欢起床之后留出一段时间，通过日记、冥想或祈祷的形式思考构想。

萨莉在城区的一所公立学校上班。她坚持自己投身教学事业的热情，一天里大部分时间都在管教学生，试图规范课堂纪律。她决定建立自己的晨间模式，促进自己对工作的积极想法，抵消挫败感，并获得更多积极精力。结束我们的培训课程后，她每天都要温习自己最重要的价值观：耐心，尊重他人，心怀感激和谦逊。

压力特别大的时候，萨莉总是很难抵御负面的情绪。然而，在植根于深层价值观的精力管理准则的引导下，建立投入的规则，能够避免消极情绪。当她的动力源自对教学机遇的感激之情，她不仅能够变得更加耐心、心平气和，对学生们也会产生更为积极的影响和启发。

记录进展 若想变革持久，第二个关键要素是每天进行行为自查。自查可以帮助你看到个人预想和实际行为的差距。如果你打算开启健康饮食的计划，不仅要明确规定进食的时间和内容，还要在晚上核查自己一天的表现是否完全遵守计划。如果你打算养成尊重他人的习惯，检查自己在日常生活中是否完成目标也很重要。设立任何目标都需要这个过程。设定目标并每天检查自己的成果会为你的仪式习惯指明重点关注方向。对于很多客户来说，自查日志是最简单的形式，只需要你在床头放一张每日自查表，每天在上面打钩画叉就可以了。（详见实用资料部分的自查日志范例）

“了解充电方法很重要，但是付诸行动更重要。”美国KPCB风险投资公司的合伙人维诺德·科斯拉在《快公司》杂志的采访中说，“我会留心自己每周有多少次准时到家、与家人共进晚餐，助手会把每月的具体数字报告给我。公司会为目标划分轻重缓急，人们的生活也是一样……我的目标是每月准时回家吃晚餐的次数达到25次。树立明确的目标是关键……每月记录意味着你不会轻易忘记，从日程上就可以看出这个目标的完成情况。”

给自己施压并不意味着在达不到目标时批判或惩罚自己。负面动力效果短暂，并且会耗费精力。责任感既能防止我们施展无穷的自我欺骗手段，又能让我们了解面前的阻碍。如果你没能建立某个仪式习惯或达到某个目标，原因可能有很多方面。也许它没能联结你的重要价值观，或是你的构想太过急迫，给自己太大压力。也许你一次性树立的目标太过远大，需要划分成多个阶段；也有可能是这个仪式习惯本身存在问题，需要再度调整。不论是何种理由，每天评估自己并非是为了跟自己作对，而是改变过程中很有帮助的一部分。对于失败的研究和分析，与庆祝和巩固成功具有同样的价值。

你要记住这些要点

- 仪式习惯是有效的精力管理工具，可以协助我们完成任务。
- 仪式习惯帮助我们将价值观和优先级融入生活的各个方面。
- 所有表现卓越的人都依靠积极的仪式习惯管理精力和规范行为。
- 个人意愿和自制力之所以有局限性，是因为每一次自控都会耗费有限的精力资源。
- 我们可以通过养成自发的仪式习惯来抵消主观意愿和自制力的局限性。
- 仪式习惯最重要的角色是确保精力消耗和更新达到有效平衡，以更好地为全情投入服务。
- 我们面对的压力和挑战越大，越需要细致谨慎的仪式习惯。
- 精确性和具体性是在30～60天的周期里养成习惯的关键。
- 尽量避免做出快速消耗自制力的选择。
- 为了确保持久的变革，我们需要养成一系列仪式习惯，一次只作一项重大改变。

Chapter 11

THE REENGAGED LIFE OF ROGER

第十一章

又见罗杰——重获新生

在我们认识罗杰12个月后，他的事业迅速重新走上了正轨。他在日程里加入了一项重大改变。经老板批准，他可以每周有一天在家上班。在家那天，他会接送两个女儿上学、放学，承诺下午5点结束工作。与女儿们更紧密的沟通让他感到满足，这天的工作效率也非常高。

他最终树立了自己的价值观，构建了目标蓝图，并且受益匪浅。面对困难抉择时，它们既是动力的源泉又是可靠的试金石。

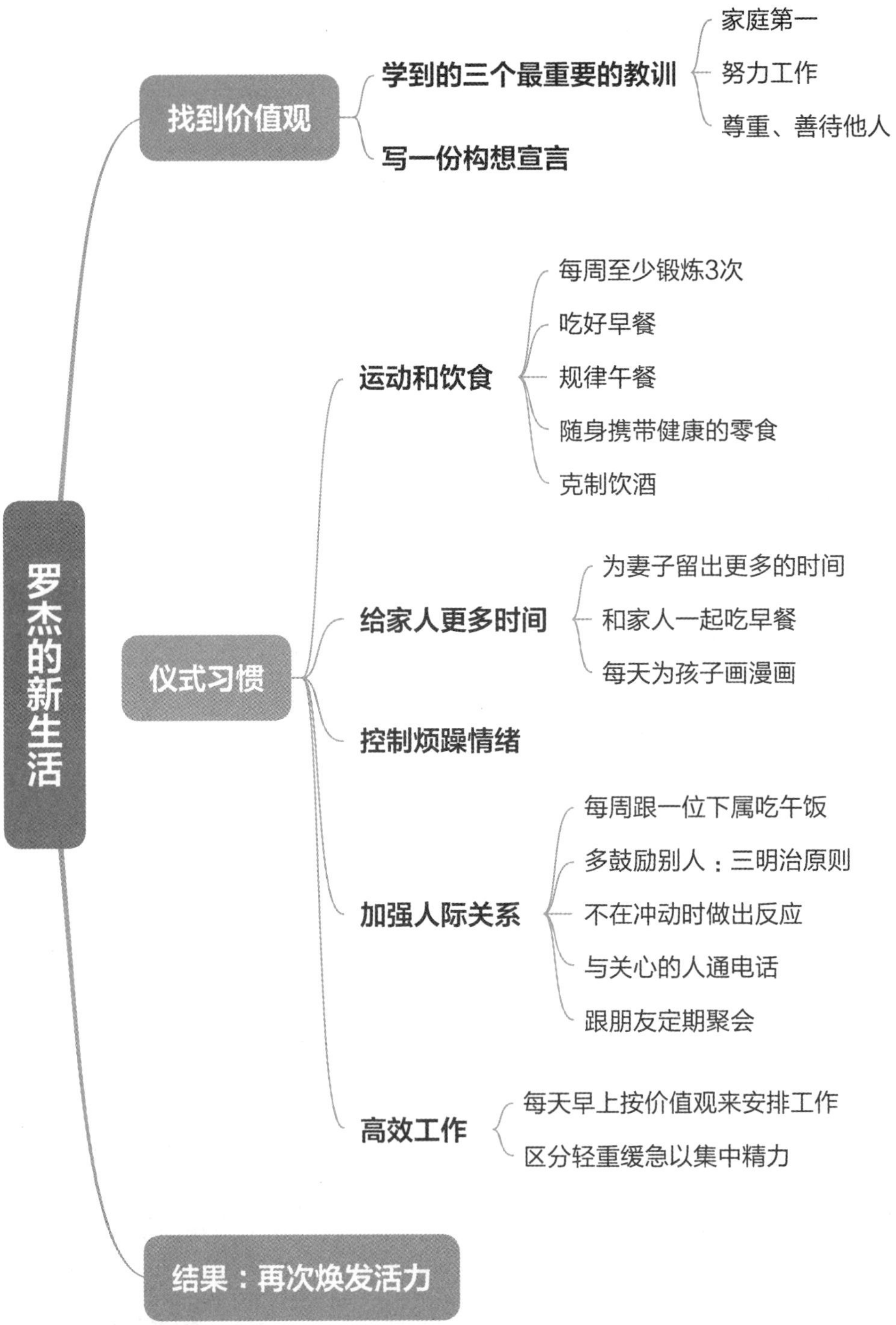
罗杰的新生活
找到价值观
学到的三个最重要的教训
家庭第一
努力工作
尊重、善待他人
写一份构想宣言
仪式习惯
运动和饮食
每周至少锻炼3次
吃好早餐
规律午餐
随身携带健康的零食
克制饮酒
给家人更多时间
为妻子留出更多的时间
和家人一起吃早餐
每天为孩子画漫画
控制烦躁情绪
加强人际关系
每周跟一位下属吃午饭
多鼓励别人：三明治原则
不在冲动时做出反应
与关心的人通电话
跟朋友定期聚会
高效工作
每天早上按价值观来安排工作
区分轻重缓急以集中精力
结果：再次焕发活力

罗杰是一位情况棘手的客户，并非因为他的表现障碍比我们遇到的其他情况更严峻，而是因为他明显缺乏改变的动机。

我们能感受到，罗杰来到培训中心时很不乐意，即使他的老板已经尽力将我们的课程包装成一次培训机会，他还是认为老板在针对自己。他迟交了前期材料，第一天就把质疑写在脸上，课间休息时都在停车场用黑莓手机打电话或发邮件。这样的开头可不算理想。

进入面对事实的环节，罗杰显然被我们的理论扰乱了心绪。我们将它当作一个积极的信号，因为客户只有对现状感到不适时才会产生改变的意愿。第一个令罗杰惊讶的是他的体能测试报告。他一直认定自己身形良好，脑海里还是年轻时的印象。他不知道20年的怠惰已经造成了怎样的后果。看到自己极高的体脂比例、低下的心脑血管能力和体能时，他非常沮丧。我们告诉他，他的种种状况——升高的血压、较高的酒精摄入量、长期压力过大、轻度吸烟、高胆固醇和超重——极易诱发早期心脏病时，他显得非常震惊。他承认医生也曾鼓励他减重、定期运动，但罗杰从来没有意识到改变自身的紧迫性。

在全情投入问卷上看到同事的反馈，他有些惊讶，也有些不满。他的同事们将他描述为“吹毛求疵”“急躁”“急脾气”。虽然罗杰承认自己有时会暴躁、消极，但他坚信自己已经很好地将这些情绪隐藏起来，表现出的都是尊重他人、平易和善的一面。“我的处境也很尴尬，”他解释说，“我认为我的下属无法适应上面的压力，所以他们会责怪传达任务的人。”

当我们问他，妻子或孩子是否也曾形容他“不耐烦”和“急躁”时，才迎来了第一个突破口。我们眼看着他萎缩在椅子里。他告诉我们就在几周前，他和9岁的艾莉莎之间发生了这样一件事。当时他从周六的体操课接上她，带她去餐馆吃午饭。这是罕见的父女相处时间。艾莉莎穿着一件手工编织的毛衣——罗杰的妈妈新近送给她的礼物，在午餐时她不小心打翻了碟子，番茄酱全都倒在了新毛衣上。

罗杰立刻就动了怒，指责女儿的粗心大意。艾莉莎一直道歉，但罗杰却越来越生气。最后小女孩哭了起来。“你就知道吼我，”她边哭边说，“你怎么那么讨厌我？”罗杰告诉我们，他听到女儿的话时仿佛在心上插了一把刀子，意识到自己反应过激了，把工作中的沮丧和焦虑都发泄在了女儿身上。更糟糕的是，女儿并没有说错。在他们少得可怜的相聚时间里，他总是对她挑三拣四，很不耐烦。他越讲越意识到，自己对妻子和女儿也是一样的态度。他说，或许他的同事也发现了他行为方面的某些问题。

人生目标是动力

在明确目标阶段，罗杰第一项晚间作业就是回答问题，找到自己最重视的价值观。其中一个问题是：“如果现在就是人生的尽头，你学到的最重要的3个道理是什么？”虽然生活已经很艰难，但罗杰是个复杂的人。下面是他的答案：

1. 与所爱之人组成家庭，把家人放在首要位置。身外之物总是来了又去，只有亲密关系才会永恒。

2. 努力工作，高标准要求自己，永远不要在能力范围内退而求其次。

3. 尊重并善待他人。

罗杰讲述的那次经历与他希望传授给孩子们的道理相去甚远，他也意识到了这点。“我知道我听起来很像个伪君子，”他说，“但即使我没能做到，我还是希望把这些道理讲给我的孩子。”

第二个问题是：“选一个你非常尊敬的人，描述你最钦佩的品质。”罗杰选择了他的父亲，从裁缝做起，最后拥有了自己的干洗店。

“我总是很钦佩他的自尊、温柔和正直，”罗杰说，“他为自己的工作骄傲，诚心对待并尊重每位顾客。他对家人也是一样，即使工作了很长时间也从不发火。”

而对于“最好的自我”，罗杰则这样描述，“风趣，关心他人，充满奉献精神，创意丰沛，值得信赖”。

在列举重要价值观时，他的回答也在意料之中——善良、卓越、家庭、正直和健康。“前四项是受到我父母的影响，”罗杰说，“老实说，在这次培训课程之前，我可能不会把健康排在前面。但现在我意识到自己的身体状况有多大的风险，可能会遭受怎样的病痛，保持健康看起来是迫在眉睫的事。”

确立生命意义的最后一步是构建自己的蓝图。他是这样写的：

我的生命中最重要的是我的妻子和孩子。在我们团聚的时刻，我承诺献出自己的所有精力和关注。为了做到这一点，我必须照顾好自己的身体。在工作中，我要严格要求自己。作为领导者，我要表现出自己的价值观——善良、关心他人和正直。我要让他人感到备受关心，让他们感觉可以放心依靠我。不管我做什么事情，都要全心全意。

接下来设定行动计划。罗杰需要把关注点集中在重要价值观和表现障碍（精力低下、急躁、消极、缺乏深度人际关系、缺乏热情）两个方面。因为害怕失败，他不愿一次改变太多，我们也赞成由浅入深的改变比宏大的计划更容易成功。罗杰决定围绕着加强身体素质建立第一组习惯，不仅为了改善健康，还因为体能不足是所有表现障碍的诱因。

他计划每周至少健身3次，分别在周二、周五下午1点和周六早上10点。他也打算安排营养丰富、高蛋白的早餐，并在具体时段少量加餐。

第二步是腾出时间陪伴家人。罗杰决定每天6点半之前结束工作，把陪客户吃饭的时间控制在每周两次以内。具体的细节他想跟妻子一起商量。罗杰相信，这些改变会给他的精力水平、人际关系和工作态度带来显著变化。在与我们相处两天半之后，他重新对未来的挑战燃起了热情。

回归家庭

培训结束后，罗杰在登机返家之前检查了积累下来的工作。134封邮件，45条语音信息和一堆等他解决的小问题。令他失望的是，回到家的那个晚上他几乎没时间问候妻子和孩子们，简单打了招呼就钻进了家里的办公室开始“救火”。第二天，他比平常早起了1个小时，在家人起床之前就出门了。他没有按制订的计划吃早餐，而是用办公室附近买来的甜甜圈和咖啡解决了问题。接下来的4个小时里，罗杰一边处理事务，一边尽力回复电话和邮件。中午，他选择了最方便的食物——餐厅买来的两块披萨，在办公桌前解决午餐。第一天的锻炼计划被丢在一旁，他决定明天补上。他答应瑞秋尽早回家，但是等他强迫自己从办公桌前站起来时已经晚上7点半了。

在回家的路上，满身疲倦、心灰意冷的罗杰开始感到悲观。这样是行不通的，他想。尽管制订了那么多乐观的计划，他第一天就回到了原点。他没能在8点半之前到家，瑞秋肯定会对他发脾气。他也没有时间和精力陪伴孩子们了，还有一摞文件静静地躺在他的公文包里，等待他来处理。

车子下了州际公路，他突然产生了一种难以言喻的情绪。路过自家附近的公园时，这种情绪变得如此强烈，他几乎无法继续驾驶，只有在路边停下来。让他惊讶的是，车子停下时，眼泪瞬间夺眶而出，不断地顺着脸颊往下流。他记得自己上一次哭泣还是在12年前的婚礼上，那是幸福的泪水。而现在，在他心底积蓄已久的眼泪只能折射出生活中深深的悲哀。他现在只想回家拥抱妻子和孩子，告诉他们自己多爱他们、多想念他们。

罗杰再次上路，心头轻松了许多。他一开门就呼唤妻子和孩子，却没有回应。他在厨房和游戏室也没找到她们。瑞秋早就教会孩子们，如果父亲回来晚了，多半是疲倦而焦躁的模样，一定要留给他空间。罗杰跑上楼，发现女儿们正在艾莉莎的房间里玩耍。看到她们那一刻，他跪下来，张开双臂，女儿们欢呼着跑进父亲的怀里。他把她们抱起来，眼泪又开始止不住地往下流。不一会儿，瑞秋进来了。她停在门口，惊慌失措。

“天啊，”她说，“等一下，你被炒鱿鱼了？”

罗杰破涕为笑，“不是的。我只是很高兴见到你们。”

第二天，罗杰起床后感受到了从未有过的轻松。孩子们起床之前，他跟妻子一起吃了早餐。上午依旧繁忙，但他强迫自己中午按计划去健身房锻炼。这是他收到妻子的圣诞礼物以来第二次使用健身卡。锻炼之后他很疲倦，精神却很振奋。他没有去快餐店买汉堡薯条，而是去熟食店买了一份沙拉。下午他感觉到了久违的振奋。6点半他准时离开了办公室。

当罗杰再次路过公园，昨晚那种熟悉的感觉又包围了他。他不得不再次停下车，惊讶地发现泪水再次涌上来，对家人的思念和渴望也再次升发。

走进家门，女儿们在游戏室。他张开双臂，孩子们跑过来，他开始哭泣。

“妈妈！”艾莉莎大叫，“爸爸又哭啦。”

看得见的改变

在接下来6个月的时间里，罗杰每次下班回家几乎都会在公园附近停留片刻。眼泪虽然已经慢慢平息，但涌动的情感依然强烈。在公园停顿成为罗杰的习惯，帮助他完成从工作到家庭的转变。每一次车子停下来，他就将工作抛之脑后，回想起家人对他多么重要，回想起自己希望如何陪伴家人。几年以来，回家对罗杰来说仿佛是从一个漩涡掉入另一个漩涡，他眼中只有无穷无尽的索求；而现在，他开始体会到家庭带来的积极精力。他每天6点半准时下班，午间的锻炼计划也坚持了下来。

课程结束3周后，罗杰开始围绕孩子建立第二个仪式习惯。因为他每天在孩子们醒来之前就上班了，他决定每天给她们每人写一条留言，从门底下塞进去。这是与女儿们建立联系的方式，即使他不能时时刻刻见到她们，也要让女儿知道她们对自己的人生很重要。这个过程本身也充满了乐趣。有时候，他会在标题上写“罗杰的命令”，下面是他编出来的寓言故事。周日晚上，他会给孩子们画连环画——以前在大学报社画过，离校后就再也没有动过笔。如果碰上出差，他会在早晨给女儿们发邮件。有一天他走得匆忙，忘记往孩子的房门下塞纸条。晚上下班回来，两个女儿就在门口抱着手臂等他。“爸爸，你今天早上忘了些事情。”艾莉莎说。他这才发现这个仪式习惯对孩子们来说多么重要。

罗杰还建立了与妻子共进早餐的仪式习惯，分享麦片、蛋饼和蛋白质饮料。这段时间让他能在孩子们起床前陪伴瑞秋，度过一段不受打扰的二人时光，比沉默地读报有意义得多。他早晨只花3分钟浏览头条新闻，晚上孩子们上床睡觉后再仔细阅读其他版面。几周后，不论是工作还是在家，罗杰的精力质量和水平都有了飞速提升。

在接下来的几个月里，罗杰还建立了另外两个仪式习惯。第一个是在上班途中最后15分钟里提前规划好一天的任务，重温自己的价值取向。第二个是晚上下班途中给自己关心的人打电话——父母，兄弟姐妹，或者朋友。他发现父母非常乐意跟他时常通话，他也重新联系上了从前的一位邻居兼好友。罗杰惊讶地发现，原来他和他的朋友经常走同一条路上下班。他们每次都会聊15～20分钟，每周至少通话一次。

罗杰也成功地坚持了自己的健身计划。第一个月里，他就把每周锻炼的次数从3次增加到4次，加上了星期天下午。最初他计划周末只锻炼一次，另一天用来照顾孩子，让瑞秋也能出去锻炼。但瑞秋自己更愿意用周末陪伴孩子。罗杰劝说她也需要个人时间，锻炼可以提高她的精力水平，让她陪伴孩子时更有精力。最后瑞秋找到了一个两全其美的办法。当地的青年教会能帮助参加健身的父母照顾孩子，所以罗杰全家一起报了名。罗杰和瑞秋每周六下午都会带着孩子一起健身。星期天中午，瑞秋单独外出健身，罗杰自己带着两个女儿出去吃饭。

建立健身、饮食和陪伴家人的习惯是罗杰前两个月的首要任务。即使这些习惯并不与工作直接相关，但它们不但改善了罗杰的体能和家庭关系，还提高了他在办公室的效率。因为心态变得积极、精力更加充沛，罗杰在工作中也收起了棱角，注意力更加集中了，尤其是健身过后的下午。因为他能用更少的时间完成更多的任务，也有了提早下班的充分理由。每周至少两次他能在下午5点半出门，6点半到家——比他10年来的下班时间整整提前了一个小时。课程结束8周后，我们接到了罗杰老板的电话。“我不知道你们怎么做到的，整个人简直像重生了一样，好像一下子年轻了10岁，重新充满了干劲。”

更进一步

课程结束3个月的时候，即行动计划的第二阶段，罗杰开始培养更多的习惯。（详见资料部分的完整计划。）其中一项是为工作事务划分优先级。参加培训课程之前，罗杰到办公室的头一个小时基本都用来回复邮件和电话。现在，就像其他客户一样，罗杰决定将这些应答事务推后，先来攻克至少一件重要的、长期的任务。

第二个仪式习惯是严格执行间歇休息。虽然他现在能每周两天准时在下午1点去健身房锻炼，但他还是会一口气工作三四个小时。罗杰决定在上午和下午各安排一段休息时间。逛书店是他的最爱，于是在上午的休息时间他会步行到公司附近的巴诺书店，在书店里待上15分钟。下午的休息时间里，他会给放学回家的女儿们打电话，然后在桌边做10分钟的深呼吸练习。下午的零食也从一条糖果变成了半条能量棒、一片水果和一把坚果。

第三个习惯是每周和一位直接下属共进午餐，既符合罗杰价值观里的善待并尊重他人，也能解决下属对他“挑剔”“急躁”的评价。如果要给予批评，他会使用“三明治原则”，从正面评价开始，以正面评价结束。

6个月之后，罗杰来到我们的训练中心作后续报告。从进门那一刻，就很容易感受到他整个人发生了焕然一新的变化。他看起来更健康了，更有活力，思维更专注，情绪也更加积极。身体上的变化显而易见。他的体重减轻12磅，体脂比例从27%降至19%，胆固醇含量从245降到185，血压也在正常范围内。在随后的延展测试中，他的耐力提升了25%，力量增强了35%。我们请罗杰为他的专注度打分，6个月前他给工作打了5分，家庭打了3分，如今他给二者都打了9分。

路途漫漫

罗杰的生活并非在每个方面都完成了积极的转变。他承认自己还在抽烟，尤其会在特别艰难的时期。他仍然觉得自己在按时履行承诺时正直和责任心不够。他的注意力还是经常被突发事件吸引，被迫搁置那些更为重要但不太紧急的事务。当事情越积越多，他还是有可能急躁草率地对待他人。为了在压力下表现更从容，他决定建立一个新仪式习惯，承担不良行为的责任，更好地展现出领导力。

另一个困扰罗杰的问题是如何在出差过程中同样保持这些新习惯。在家的时候他已经做得很好，但他还没有为出差的情形制订相应的计划。出差时他很少健身，日程安排得满满当当，很难找到时间休息。因为在外地，所以他对饮食也不太上心，总是不吃正餐，然后在会议中途休息时吃点小食。如果要与客户共进晚餐，他还是很容易暴饮暴食。

我们帮助罗杰建立了一项新仪式习惯，以便更好应对高强度压力、获取更多正面精力。我们先请罗杰描述出他是如何感受到压力的。他说心中首先升起一股焦虑，然后出现一堆批判性的想法，以及想要控制局面的强烈欲望。我们建议，如果他下次处于这样的情况，就进行几次腹式深呼吸。我们还请他回想一下自己钦佩的某个人的危机处理方式，他选择了他的老板。最后，我们让他将老板当作榜样，参考其方式处理问题。

至于出差的问题，罗杰意识到他仅仅需要将在家养成的习惯延续下去。关于饮食，他认为随身携带健康零食很重要，这样就不用在路边买快餐了。最好的健身时间是晚餐开始之前，还能缓解一天积蓄的压力。罗杰开始像安排重要会议那样安排自己的健身时间，决不让任何事情干扰。他还每次都留心预订带有健身房的酒店房间。最后罗杰决定，即使跟客户吃饭，红酒也不会超过一杯，而且要慢慢啜饮。

罗杰承认，有一回客户点了一瓶好酒，他没抵制住诱惑，多喝了两杯。同样让他破例的还有一家很棒的餐厅。如果日程太忙碌，他偶尔也会忘记锻炼。不过，大部分时间罗杰还是尽力适应新的出差习惯，即便有次会议上他掏出能量棒时被别人开玩笑。9个月后，罗杰的体重又减了7磅。

在罗杰看来，从容应对压力是最令他满足也最有挑战性的改变。当他回想起我们的建议，激动程度一下子就降低了。但是压力偶尔还是会控制他的行为，因此他建立了第二项仪式习惯来应对“紧急情况”。不管当时心情如何，他都会安静地点点头，说“我了解了，不过我需要一点时间想一下”。他的首要任务是不在被激怒或急躁的情况下做出回应。结果令人振奋：他态度越温和，言语越鼓励人，下属们的反馈越多。在回访6个月后，他的团队营业额增长了15%——在整个公司业绩平平的情况下，这真是了不起的成就。

一年以后，罗杰的事业迅速重回正轨。他在日程里加入了一项重大改变。老板批准他可以每周一天在家办公。他坚信可以利用这段时间避开日常琐事，将精力集中在需要更多专注力的长期项目上，同时也能更积极地参与孩子们的生活。这天他会接送两个女儿上下学，承诺下午5点结束工作。与女儿们更紧密的沟通让他感到满足，这天的工作效率也很高。

虽然第一次见到我们时，罗杰表现出质疑和抗拒，但他最终树立了自己的价值观，构建了构想蓝图，并且受益匪浅。面对困难抉择时，它们既是动力的源泉又是可靠的试金石。他通过培养一系列习惯将构想蓝图变为现实，工作和家庭都令人满意。“最让我惊讶的是，”罗杰告诉我们，“一旦价值观清晰起来，而我又懂得仪式习惯的重要性，大多数改变做起来也不那么困难。我的生活有了特定的节奏，能深切感受到自己的精力带给他人的影响。现在我的挑战仅仅是感受到生命的脉动，并保持生活的活力。”

RESOURCES
实用资料

精力管理训练提纲

1. 目标：在困境中仍旧发挥出应有水平。

- 在日益增加的挑战中培养必要能力，以维持高水准表现。

2. 核心结论：精力是高效表现的基础。

- 能力是拓展和恢复精力的体现。
- 每个想法、每种感觉和每个行动都会影响精力。
- 精力是个人和团体的宝贵资源。

3. 全情投入：达到最佳效能时的最优精力。

- 活跃的身体
- 联动的情感
- 专注的思维
- 内省的意志

4. 全情投入依靠所有层面上有技巧性的精力管理。

5. 全情投入的要点：

- 管理好精力而非时间才是高效表现的关键。
- 全情投入需要调动4种不同且相关的精力：体能、情感、思维和意志。
- 过度使用或使用不足都会削弱精力储备，我们必须学会在精力消耗和再生之间找到平衡。
- 为了扩充精力的容量，我们必须超越习以为常的极限，按照运动员的方式进行系统训练。
- 积极的精力仪式习惯，即高度细化的精力管理日程，是全情投入和维持高效表现的关键。

6. **全情投入需要调动4种独立且相关的精力：**

- 体能能力是一个人在身体层面拓展、恢复精力的能力。
- 情感能力是一个人在情感层面拓展、恢复精力的能力。
- 思维能力是一个人在脑力层面拓展、恢复精力的能力。
- 意志能力是一个人在精神层面拓展、恢复精力的能力。
- 最基础的精力源来自身体。最重要的精力源来自意志。

7. **四种精力来源：**

- 体能能力取决于精力的储量。
- 情感能力取决于精力的质量。
- 思维能力取决于精力的专注度。
- 意志能力取决于精力的强度。

8. **精力的衡量标准：**

- 有效精力的储备由容量衡量（从低到高）。
- 有效精力的质量由愉快（积极）和不愉快（消极）衡量。
- 有效精力的专注度由专注面宽窄、外在和内在衡量。
- 有效精力的强度由从己及人、从外到内、从负到正来衡量。

9. **最优表现需要：**

- 容量最高的精力
- 质量最优的精力
- 最集中的精力
- 最高强度的精力

10. **全情投入的障碍：任何会阻碍、扭曲、浪费、削弱、消耗和污染精力储备的不良习惯。**

11. **全情投入训练系统：通过建立策略性的积极精力仪式习惯清除阻碍，确**

保所有层面的充足储备。

12. 积极的精力仪式习惯有助于有效的精力管理。

- 有技巧的精力管理需要调动适当数量、质量、方向和强度的精力。

13. 终身精力目标：为真正重要的事务尽己所能提供最好的精力。

- 最强烈的体能脉动
- 最强烈的情感脉动
- 最强烈的思维脉动
- 最强烈的意志脉动

14. 实际年龄无法更改，生理年龄却可以通过训练加以改变。

- 生理年龄（从表现能力反映出的年龄）由有效消耗和恢复精力的能力决定。

15. 全情投入需要周期性的战略恢复。

- 全情投入所需的精力在战略性恢复（即抽离）的周期中再生和储备。

16. 在精力消耗和恢复之间转换称为波动。

- 波动指理想状态下工作与休息的循环搭配。
- 长期处于压力之下得不到恢复，或长期处于脱离状态不承担压力，都会削弱精力的容量。
- 体育界将以上两种情况称为过度训练和训练不足。

17. 波动的反面是单线。

- 单线化是指压力过度、恢复不足和恢复过度、压力不足的情况。
- 高度压力下会产生强大的单线化力量。

18. 若要维持上佳表现，最好拥有短跑运动员而不是马拉松运动员的思维状态。

- 在长达30～40年的职业生涯中，将工作时间分成90～120分钟的片段并加入短暂的休息时间，能够使人们发挥出最优水平。

19. **大多数人在体能和意志上训练不足，却在思维和情感上训练过度。**

20. **间歇**（周期）**训练比稳态训练在加强精力管理技巧方面优势明显。**

21. **人体系统中的精力有许多层面。**

- 体能、情感、思维和意志精力之间存在着一种动态平衡。
- 一种层面的改变会影响所有精力层面。

22. **精力容量遵循发展曲线。**

- 第一层发展是体能层面。
- 第二层发展是情感/社会层面。
- 第三层发展是认知/思维层面。
- 第四层发展是道德/精神层面。

23. **四种层面都遵循自身的发展阶段**（例如情感发展，认知发展，道德发展）

24. **全情投入训练系统从挖掘与内心联结的人生目标开始。**

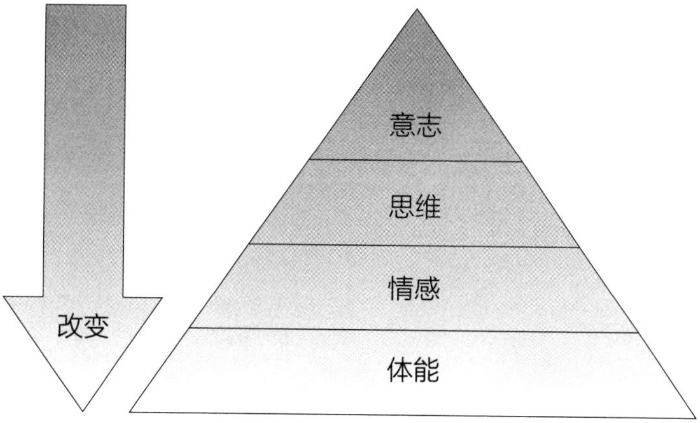

25. **高-正面精力是高效表现的燃料。**

- 高-正面精力源自对机遇、冒险和挑战的感知。负面精力则源自对生存威胁、危险和恐惧的感受。

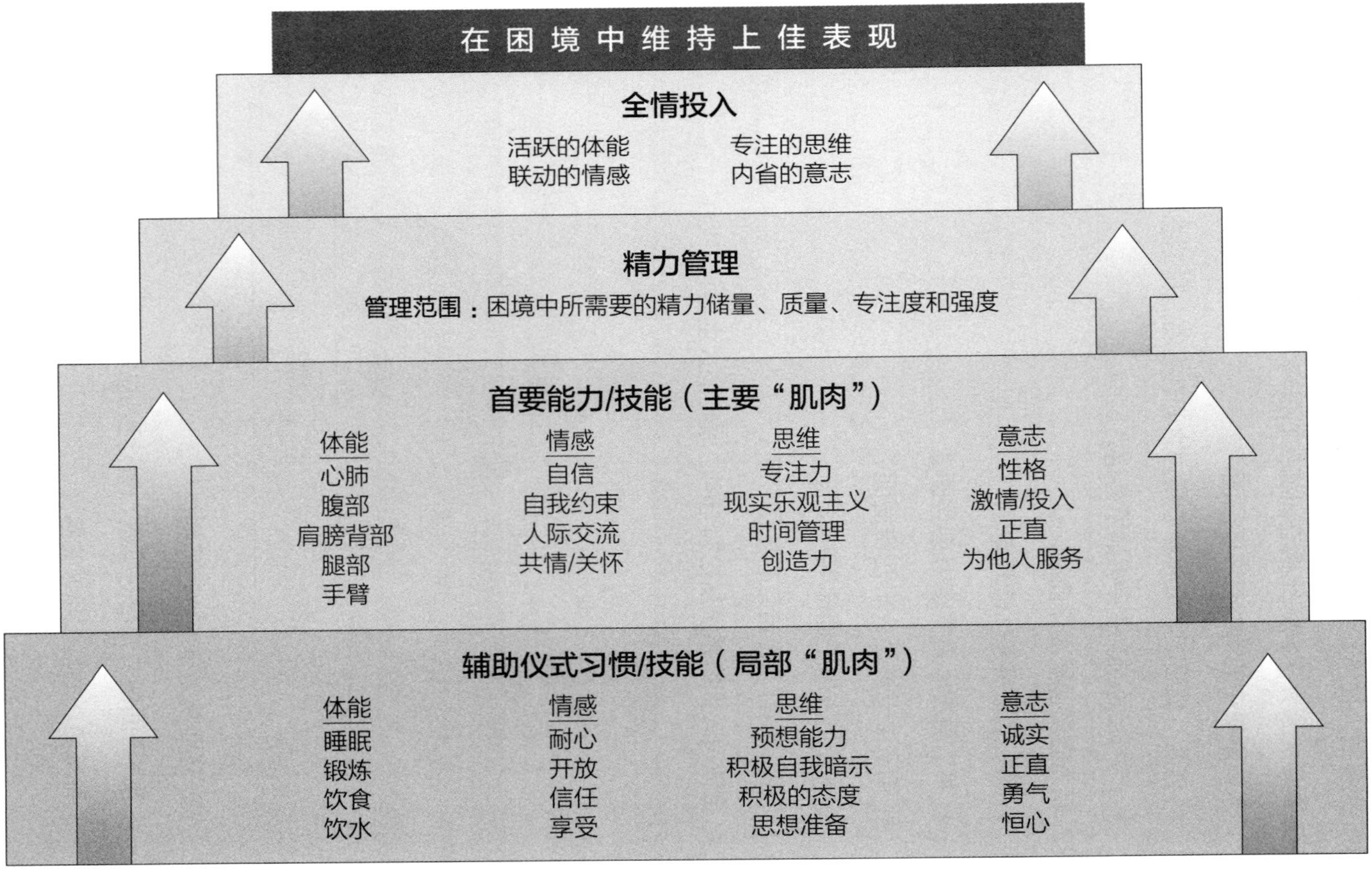
在困境中维持上佳表现
全情投入
活跃的体能
联动的情感
专注的思维
内省的意志
精力管理
管理范围：困境中所需要的精力储量、质量、专注度和强度
首要能力/技能（主要“肌肉”）
体能
心肺
腹部
肩膀背部
腿部
手臂
情感
自信
自我约束
人际交流
共情/关怀
思维
专注力
现实乐观主义
时间管理
创造力
意志
性格
激情/投入
正直
为他人服务
辅助仪式习惯/技能（局部“肌肉”）
体能
睡眠
锻炼
饮食
饮水
情感
耐心
开放
信任
享受
思维
预想能力
积极自我暗示
积极的态度
思想准备
意志
诚实
正直
勇气
恒心

组织的精力动力源

- 一家企业或一个组织仅仅是装载潜在精力的容器，以备任务需要时调用。
- 企业里每个个体都是潜在精力的容器。
- 正如每个细胞对人体的健康和活力至关重要，每个个体对于企业的健康和活力也同等重要。
- 企业是由动态的个体细胞组成的鲜活实体。
- 企业的总体工作能力是内部所有个体细胞工作能力的总和。
- 个体的精力管理原则同样适用于企业。
- 精力是企业最重要的资源。
- 为了发挥出最大的潜能，完成公司目标的过程中需要调动体能、情感、思维和意志四种独立又相关的精力形式。
- 因为企业精力会随着使用而减少，精力消耗必须与恢复保持平衡。
- 个体能力共同增长时，企业能力就会增长。
- 共同的使命感和通行的价值观是企业最好的动力。
- 身体机能是企业中精力调用的基础。个体健康、饮食、睡眠、休息和饮水的质量是决定企业能力的基础因素。
- 企业机体或强或弱的体能脉动反映出其精力消耗与恢复节奏性波动的能力。
- 企业机体或强或弱的情感脉动反映出其关怀、同情、自信、享受和挑战的能力。
- 企业机体或强或弱的思维脉动反映出其决策、逻辑分析、专注力和创造性的能力。

- 企业机体或强或弱的意志脉动反映出其诚实、正直、投入和信念的能力。
- 领导者是企业精力的统筹人。为了共同的公司目标，他们需要从所有个体细胞中吸收、引导、沟通、更新并投入精力。
- 伟大的领导者善于调动和集中企业内部的所有精力来源，为公司使命服务。
- 伟大的领导者认识到高水平的正精力是高效表现的动力，并身体力行这一原则。
- 每个个体细胞里的精力必须被积极调动起来。若要做到这一点，需将个人目标与公司目标有序统一。
- 团结带动表现。缺乏统一目标会严重限制精力的容量、质量、方向和力量。

最重要的体能精力管理方法

1. 早睡早起

2. 坚持在同样的时间睡觉和起床

3. 每天5～6次少量进食

4. 每天吃早餐

5. 饮食健康，营养均衡

6. 尽量减少单糖化合物摄入

7. 每天饮用1360～1800毫升的水

8. 工作时每90分钟休息片刻

9. 每天进行适量身体活动

10. 每周至少两次心血管功能间歇训练、两次力量训练

食物升糖指数表

低

杏仁
苹果
豆子
卷心菜
腰果
樱桃
鸡肉
农家干酪
杏干
鸡蛋
西柚
绿色蔬菜
扁豆
牛奶
马苏里拉奶酪
营养棒（大部分）
营养奶昔
橙子
桃子
花生酱
花生
梨子
山核桃
开心果
梅子
梅干
南瓜籽
豆奶
豌豆
葵花籽
番茄汤
番茄
金枪鱼
火鸡
核桃
酸奶（原味）

中

杏子
香蕉
豆汤
甜菜
莓果
饼干
面包（一部分）
罐头水果
甜瓜
谷物棒
麦片（多种）
巧克力
玉米
蒸粗麦粉
薄脆饼干（大部分）
羊角面包
水果沙拉
格兰诺拉麦片
葡萄
蜂蜜
冰淇淋
果汁
奇异果
扁豆汤
芒果
松饼
燕麦片
橙汁
通心粉
糕点
豌豆汤
菠萝
爆米花
薯片
大米
糖
红薯

高

百吉饼
烤土豆
面包（一部分）
蛋糕
糖果
胡萝卜
麦片（多种）
曲奇
玉米片
纸杯蛋糕
红枣（干）
甜甜圈
炸薯条
全麦饼干
土豆泥
烤面包干
椒盐卷饼
南瓜
葡萄干
年糕
梳打饼干
苏打水
运动饮料
西米布丁
香草威化饼
华夫饼
西瓜

全情投入训练系统

FULL ENGAGEMENT

Training System

罗杰的精力管理计划

姓名：罗杰

日期：2000年3月30日

构想表格

我最珍视的价值观：

1. 家庭为先
2. 尊重他人、善待他人
3. 追求卓越
4. 正直
5. 健康

我的长项：

1. 忠诚
2. 有条理
3. 专注
4. 道德/价值驱动
5. 诚实

若此刻便是人生尽头，列出你学到的3条最重要的道理，以及它们之所以重要的原因。

1. 与你所爱之人组成家庭，并将家庭放在首要地位。
2. 努力工作，高水准要求自己，永远不要在能力范围内退而求其次。
3. 尊重他人，待人友善。

思考一个你特别敬重的人。描述3条他身上让你钦佩的品质。

我的父亲

1. 尊严
2. 温柔
3. 面对压力依然保持正直的品性

最好的自己是怎样的?

充满关怀，热情，努力，风趣，让人信赖

你希望你的墓志铭如何描述你的人生?

他充满爱心。他毕生致力于将自己所拥有的更多奉献给他人。

用现在时写下你的构想蓝图，既深刻又兼具操作性。

我的生活预想（反映出我的价值观）：

妻子和孩子是我人生的珍宝。当我们在一起的时刻，我承诺将所有精力和注意力都献给他们。为了做到这一点，我必须照顾好自己的身体。

我的工作构想（反映出我的价值观）：

工作中，我要求自己做到卓越。作为领导，我要亲身示范自己的每条价值观，尤其是善良、关心他人和正直。我要让他人感到备受关怀，相信我可以完成对他们的承诺。不论做任何事情都要全心全意。

障碍列表

	工作相关的表现障碍	精力/表现的后果
1	精力低下	表现欠佳，人际关系停留在表面，不开心
2	急躁	给自己和他人带来负面精力。导致他人没有安全感、缺乏自信，让自己紧张不安。
3	消极思考	工作和家庭中持续陷入负面高能和负面低能范畴
4	人际关系缺乏深度	削弱领导力，疏远家人和朋友
5	缺乏激情	没有恒心，不能投入。生活失去色彩，一切变得灰蒙蒙。无法产生真心的激动或力量。

全情投入的行动及发展计划

仪式习惯养成策略

目标肌肉：心脏，肺部，上肢和下肢

表现障碍：精力低下

促使改变的价值动机：家庭

期望成果：更高效率，更少犯错，决策时更加明智

	促进改变的积极精力仪式习惯：	**实施日期**
1	锻炼：每周3次，周二、周五下午1点，周六上午10点（重点是间歇训练）	4月1日
2	工作时每90分钟休息一次	4月1日
3	随身带零食。赶路时每90~120分钟补充水分和食物	5月1日
4	每周有两天在5点半之前离开办公室	6月1日

全情投入的行动及发展计划

仪式习惯养成策略

目标肌肉：耐心

表现障碍：急躁

促使改变的价值动机：尊重他人，善待他人

期待成果：为自己和他人创造更多正精力，更加投入

	促进改变的积极精力仪式习惯：	实施日期
1	每天早晨6点半回顾构想蓝图	4月1日
2	工作时每90分钟休息一次	4月1日
3	随身带零食。赶路时每90～120分钟补充水分和食物	5月1日
4	当我开始感到急躁或焦虑时采取“紧急措施”	4月1日

全情投入的行动及发展计划

仪式习惯养成策略

目标肌肉：现实乐观主义
表现障碍：消极思维
促使改变的价值动机：正直，卓越
期望成果：增加正精力和专注力，效率更高

	促进改变的积极精力仪式习惯：	实施日期
1	上班途中做好准备——规划一天的事务，预演积极心理建设	4月1日
2	工作时每90分钟休息一次	4月1日
3	随身带零食。赶路时每90～120分钟补充水分和食物	5月1日
4	当我开始感到急躁或焦虑时采取“紧急措施”	4月1日

全情投入的行动及发展计划

仪式习惯养成策略

目标肌肉：关怀，同情，友谊

表现障碍：人际关系缺乏深度

促使改变的价值动机：家庭，正直，尊重他人，待人友善

期望成果：与家人、团队成员更好地交流，更多正精力

	促进改变的积极精力仪式习惯：	实施日期
1	回家路上给关心的人打电话	5月1日
2	早晨给孩子们留言	5月1日
3	在家跟瑞秋（妻子）一起吃早餐	5月1日
4	周日上午跟女儿们吃早午餐	6月1日
5	每周与直接下属共进午餐	6月1日
6	在家工作当天接孩子们放学	5月1日

全情投入的行动及发展计划

仪式习惯养成策略

目标肌肉：热情，投入

表现障碍：缺乏激情

促使改变的价值动机：家庭，正直

期望成果：更有恒心，适应力更强

	促进改变的积极精力仪式习惯：	实施日期
1	上班途中做好准备——规划一天的事务，预演积极心理建设	4月1日
2	将预想声明展示在电脑桌面上	4月1日

责任自查日志

姓名：罗杰　　　　　　　　　　　　　第＿＿＿周

说明：每天为自己就以下条目从5到1进行打分（5表示“非常成功”，1表示“不成功”）。可随后进行备注，并在适当时机记录下完成次数与影响。

习惯	周一	周二	周三	周四	周五	周六	周日	备注
每天早晨温习价值观								
与瑞秋共进早餐								
周日跟女儿吃早午餐								
早晨给孩子们留言								
回顾一天的事务								
每90至120分钟补充水分和食物								
工作时每90分钟休息								
每周与直接下属吃午餐								
关于耐心的紧急措施								
回家路上打给关心的人								
每周至少两次5点半下班								
每周间歇训练3次以上								
在家工作时接孩子们放学								

成果：＿＿＿＿＿＿＿＿＿＿＿＿＿＿＿＿＿＿＿＿＿＿＿＿＿＿＿＿＿＿

全情投入训练系统

FULL ENGAGEMENT Training System

个人精力管理计划

姓名：________________

日期：________________

构想表格

我最珍视的价值观：

1. ______
2. ______
3. ______
4. ______
5. ______

我的长项：

1. ______
2. ______
3. ______
4. ______
5. ______

若此刻便是人生尽头，列出你学到的3条最重要的道理，以及它们之所以重要的原因。

1. ______
2. ______
3. ______

思考一个你特别敬重的人。描述3条他身上让你钦佩的品质。

______

1. ______
2. ______
3. ______

最好的自己是怎样的?

______

______

______

______

你希望你的墓志铭如何描述你的人生?

______

______

______

______

用现在时写下你的构想蓝图，既深刻又兼具操作性。

我的生活预想（反映出我的价值观）:

我的工作构想（反映出我的价值观）:

障碍列表

	工作相关的表现障碍	精力/表现的后果

全情投入的行动及发展计划

仪式习惯养成策略

目标肌肉：

表现障碍：

促使改变的价值动机：

期望成果：

	促进改变的积极精力仪式习惯：	实施日期

责任自查日志

姓名：____________________　　　　　　　　　　　　第________周

说明：每天为自己就以下条目从5到1进行打分（5表示“非常成功”，1表示“不成功”）。可随后进行备注，并在适当时机记录下完成次数与影响。

习惯	周一	周二	周三	周四	周五	周六	周日	备注

成果：____

____

____